基于多模激光器的密钥分发技术

高华 著

JIYU DUOMO JIGUANGQI DE MIYAO FENFA JISHU

化学工业出版社
·北京·

内容简介

本书是作者多年来从事基于多模激光器的密钥分发研究的成果。本书介绍了基于经典物理层密钥分发的研究意义以及基于激光同步密钥分发的现存问题，提出了利用超辐射发光二极管驱动多模半导体激光器同步的方案，并对激光器内部参数以及参数失配对同步性的影响进行了详细研究，提出了基于多模激光器模式随机键控以及驱动信号中心波长随机键控的密钥分发方案，最终利用模式随机键控实验实现了传输距离 160km、传输速率 0.75Gbit/s 的密钥分发，利用驱动信号中心波长随机键控实现了多路随机密钥的并行产生，实现了速率的进一步提升。

本书介绍了多模激光器模式间低相关性的特性，基于此特性提出了基于多模激光器模式随机键控以及驱动信号中心波长随机键控的密钥分发方案，并通过实验验证该方案实现了密钥分发速率数量级上的提升，得到了多路随机密钥并行产生的理论验证。

本书对于从事基于混沌激光同步密钥分发研究的技术人员及师生来说是一本有价值的参考书。

图书在版编目（CIP）数据

基于多模激光器的密钥分发技术 / 高华著. -- 北京：化学工业出版社，2025. 5. -- ISBN 978-7-122-47583-1

I. TN248；TN918.4

中国国家版本馆 CIP 数据核字第 2025WQ8885 号

责任编辑：严春晖　金林茹　　　文字编辑：周　童　孙月蓉
责任校对：边　涛　　　　　　　装帧设计：王晓宇

出版发行：化学工业出版社
　　　　　（北京市东城区青年湖南街 13 号　邮政编码 100011）
印　　装：北京建宏印刷有限公司
710mm×1000mm　1/16　印张 8½　彩插 4　字数 127 千字
2025 年 6 月北京第 1 版第 1 次印刷

购书咨询：010-64518888　　　　售后服务：010-64518899
网　　址：http://www.cip.com.cn
凡购买本书，如有缺损质量问题，本社销售中心负责调换。

定　　价：98.00 元　　　　　　　版权所有　违者必究

前言

  高速密钥分发是现代保密通信的研究重点,关系着网络空间安全、国家经济与人民生活。基于数学算法的密钥分发,由于其所用算法具有确定性,存在着被穷举攻击的风险,因此基于物理层的密钥分发技术成为研究热点。其中,量子密钥分发(quantum key distribution,QKD)技术原理上是绝对安全的,但其速率受到单光子探测器的限制无法实现量级提升,并且很难与现代光纤通信系统完全兼容。近年来,研究学者不断探索基于经典物理层的密钥分发技术,主要包括光纤激光器参数随机选择、物理不可克隆函数、光纤信道互易性以及激光同步等。其中,基于激光同步的密钥分发技术具有高速且长距离传输潜力。为了进一步提高此类方案安全性,在其中引入了激光同步的随机键控,与从同步区间内的激光信号中提取的随机密钥原理上是一致的,可以作为共享密钥,完成密钥分发。但键控过程导致了响应激光器数十纳秒的同步恢复时间,此时间内的激光序列不可用于随机密钥提取,造成物理熵源的利用率降低,从而将密钥分发速率限制在kbit/s量级。

  针对上述问题,本书探索了缩短同步恢复时间以提高密钥分发速率的方法,提出了基于开环法布里-珀罗(Fabry-Pérot,F-P)激光器激光同步随机键控的密钥分发方案。主要内容如下:

  ① 实验实现了超辐射发光二极管(superluminescent diode,SLD)共同驱动开环多纵模 F-P 激光器同步,验证了宽带随机噪声驱动信号与响应

激光信号的低相关性，保证了窃听者从公共信道中获取的与物理熵源有关的信息量有限。利用 VPI Transmission Maker 软件模拟证明了响应 F-P 激光器同步性对内部参数失配的高度敏感性，说明窃听者很难利用与合法用户参数失配的窃听激光器构建同步。实验研究了响应 F-P 激光器中心波长和工作电流失谐对同步性的影响以及注入参数及其失配对同步性的影响，结果说明通信双方在较大参数范围内可以实现同步。

② 提出了基于响应 F-P 激光器输出模式随机键控的密钥分发方案并进行了实验研究。通信双方利用随机控制码对多纵模同步响应 F-P 激光器的单个纵模进行随机选择输出：当输出模式中心波长相同时可实现同步，当输出模式中心波长不同时则不同步，由此响应 F-P 激光器输出模式随机选择可以实现激光同步的随机键控。通信双方通过交换并对比随机控制码，筛选相同控制码对应的激光信号区间提取的随机密钥作为共享密钥，完成密钥分发。

③ 提出了基于驱动信号中心波长随机键控的密钥分发方案。在宽带随机噪声信号共同驱动下，响应 F-P 激光器可以实现激光同步。此方案中，实验和模拟证明了当选择不同滤波中心波长的驱动信号进行扰动时，通信双方响应 F-P 激光器输出的激光信号相关性很低，由此驱动信号的中心波长随机选择可以实现激光同步的随机键控，通信双方同样选取从同步区间内的激光信号中提取的随机码作为共享密钥。驱动信号的滤波宽度对应响应 F-P 激光器的两个纵模，响应 F-P 激光器在其扰动下输出对应的双纵模激光信号，通过后续对其进行单模滤波，VPI 软件模拟实现了随机密钥的双路并行产生。

本书内容是山西省教育厅 2023 年度山西省高等学校科技创新项目"基于 Fabry-Pérot 激光器混沌同步高速键控的 Gbps 量级密钥分发研究"（项目编号 2023L420）以及 2023 年山西省基础研究计划（自由探索类）青年科学

研究项目"基于多纵模激光器混沌同步高速键控的并行物理密钥分发"(项目编号 202303021222283)的阶段性研究成果。本书在成书过程中,参考了大量期刊论文及书籍,在此对其作者深表感谢。

由于本人水平有限,尽管反复斟酌与修改,书中仍难免存在疏漏和不足之处,望广大读者提出意见和建议,以便修订时更正。

著者

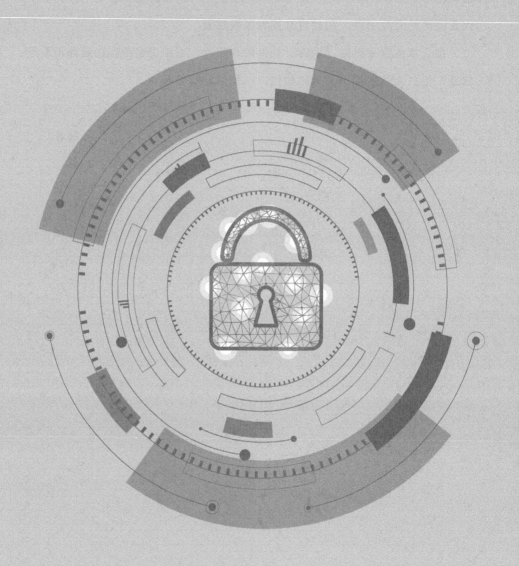

目录

第1章 绪论	1.1 经典物理层密钥分发的研究意义	002
	1.2 经典物理层密钥分发主要方法	005
	1.2.1 光纤激光器参数随机选择	005
	1.2.2 物理不可克隆函数	011
	1.2.3 光纤信道互易性	013
	1.2.4 半导体激光器的非线性动态发展 历程及同步方式	021
	1.3 基于半导体激光器同步的密钥分发研究 现状	023
	1.3.1 研究进展	024
	1.3.2 现存的问题	037
	1.4 本书主要研究内容	040

第2章 噪声信号驱动响应 F-P激光器同步	2.1 实验装置	044
	2.2 响应F-P激光器同步	045
	2.3 参数对同步性的影响	051
	2.3.1 响应F-P激光器参数失配	051
	2.3.2 注入参数及其失配	056
	2.4 本章小结	061

第3章 基于响应F-P激光器 输出模式随机键控的 密钥分发	3.1 引言	064
	3.2 密钥分发原理	065
	3.2.1 高速一致密钥产生原理	065
	3.2.2 信息论安全原理	066
	3.3 实验装置	068

	3.4	实验结果	070
		3.4.1 单纵模同步特性	070
		3.4.2 同步的鲁棒性和稳定性分析	074
		3.4.3 模式键控同步及同步恢复时间	076
		3.4.4 高速密钥分发	078
		3.4.5 结论	084
	3.5	本章小结	085
第 4 章 基于响应 F-P 激光器 驱动信号中心波长随 机键控的密钥分发	4.1	引言	088
	4.2	密钥分发原理	089
	4.3	驱动信号中心波长键控同步的实验验证	090
	4.4	密钥分发模拟系统和模拟结果	093
		4.4.1 模拟系统	094
		4.4.2 驱动信号中心波长键控同步模拟结果	095
		4.4.3 驱动波长键控同步及同步恢复时间	101
		4.4.4 一致密钥产生	104
		4.4.5 结论	106
	4.5	本章小结	107
第 5 章 总结与展望	5.1	总结	110
	5.2	展望	112

参考文献　　　　　　　　　　　　　　　　　　　　　　114

第 1 章

绪 论

  高速随机密钥安全分发技术是现代高速保密通信的迫切需求。基于数学算法的密钥分发技术由于其算法具有确定性而存在被破解的可能,故研究者不断探索基于物理层的密钥分发技术。其中,基于量子的密钥分发速率受限于单光子探测效率等,而基于经典物理层的密钥分发技术的探索有望突破速率限制。所以,本章将详细介绍基于经典物理层密钥分发技术的研究意义以及现有的四种主要研究方法,指出基于激光同步的密钥分发方案最具长距高速兼顾的潜力,并详细分析其中现存的问题,概要说明针对此问题开展的一系列工作。

1.1 经典物理层密钥分发的研究意义

网络空间安全的核心技术之一是信息加密传输，即保密通信，而保密通信的关键在于"不可破解"。根据 Shannon 的"一次一密（one-time pad）"理论，绝对安全的保密通信需要通信双方使用完全一致的真随机序列作为密钥，对传输的信息进行加密和解密，这就要求所使用的随机密钥速率不能低于待传输的数据速率，并且随机密钥不可重复使用[1]。因此，如何产生高速的真随机密钥并且将其安全地分发至合法通信方是现代高速保密通信进一步发展亟须的重要核心技术。

在利用硬件设备产生高速随机密钥并进行密钥分发之前，密钥分发技术主要采用复杂数学算法（如美国的 DES、AES 以及我国的 SM1、SM4 算法等）产生伪随机密钥，其中包括对称算法和非对称算法两种技术，原理如图 1-1 所示。基于对称算法的密钥分发原理如图 1-1(a) 所示，合法通信双方 Alice 和 Bob 选择相同的复杂数学算法 $y(x)$ 和种子 x_0 异地产生一致的伪随机序列 X_A 和 X_B 作为共享密钥。而基于非对称算法的密钥分发原理如图 1-1(b) 所示，发送方 Alice 利用复杂的数学算法 $y(x)$ 和种子 x_0 产生两组相互对应的伪随机序列，分别作为公钥 X_p 和私钥 X_A，随后将公钥序列 X_p 发送给接收方 Bob，Bob 利用数学算法 $y(x)$ 和接收到的公钥 X_p 即可获得与 X_A 一致的私钥序列 X_B，从而实现随机密钥的分发。

然而，基于数学算法的密钥分发方案的安全性属于计算安全[2]，主要取决于所使用数学算法的复杂度，然而算法复杂度越高，通信双方产生随机序列所需时间越长，密钥的分发速率越低。因此，此类方案中密钥分发效率和安全强度成反比，需在两者间折中考虑。并且计算安全是基于窃听者计算能力有限的假设

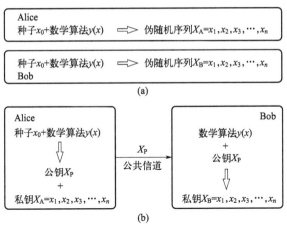

图 1-1 基于复杂数学算法的密钥分发

(a) 对称算法；(b) 非对称算法

来保证安全性的，窃听者若使用更高性能的计算设备，任何共享密钥在原理上都有被破解的风险。所以，随着现代计算机科学技术的飞速发展，此类密钥分发方案的安全性也面临着极大的挑战。此类方案理论上的可破解性，如同悬在其上的达摩克利斯之剑，促使研究者们探索新型的密钥分发技术。

除了利用复杂数学算法生成伪随机序列之外，研究学者发现某些硬件设备或自然界中的物理现象可以产生不可预测的随机振荡，可以将其用作物理熵源，从中提取真物理随机数。基于硬件设备或物理现象的物理熵源随机性更好，复杂度更高，产生真随机数的速率更快，且硬件设备或物理现象受制备工艺或环境噪声影响不可被复现，所以不易被窃听者重构或破解，攻击者也无法从已产生的随机序列或物理熵源的输出状态预测将要产生的物理随机数。因此，基于物理熵源的随机密钥产生技术迅速崛起，如电阻热噪声[3]、振荡器频率啁啾[4]、量子过程随机性[5-11]、激光信号[12-30]等。目前，高速随机密钥的产生已取得重要进展，特别是利用激光信号产生的随机密钥实时速率高达数十Gbit/s[21,22,30]，离线速率可达 Tbit/s 量级[19,24,27,29]。所以，如何将这些物理熵源生成的高速物理随机密钥安全地分发至通信双方是目前高速保密通信研究的重中之重。

目前基于物理层的密钥分发技术主要包括量子密钥分发（quantum key distribution，QKD）和经典物理层密钥分发。其中，量子密钥分发基于量子不可克隆原理和海森伯不确定性原理保证密钥分发的安全性[31,32]。其原理是发送方利用多种测量基对量子比特进行随机编码，接收方随机选择测量基测量量子比特；接收方通过公共信道将使用的测量基传送给发送方，发送方将双方的测量基进行对比，并告知正确的位置；接收方剔除错误的量子比特并选取少部分正确结果传送给发送方，发送方确认接收方的结果正确与否，若错误则停止通信，若正确则剔除传送部分，剩余的随机序列作为最终密钥，并发送确认信息给接收方；接收方接收确认信息，同样剔除传送部分，剩余的一致随机序列作为最终密钥。在密钥分发过程中，窃听者一旦对量子信道中的光量子进行分流和拷贝，光量子态就会发生变化，进而被合法用户发现，所以量子密钥分发在原理上是绝对安全的。

1984 年，Brassard 与美国 IBM（国际商业机器公司）的 Bennett 联合提出了首个 QKD 协议——BB84 协议[33]，原理如图 1-2 所示。随后更多的 QKD 方案被相继提出，相关实验也获得突破[34-41]。2010 年，中国科学技术大学潘建伟教授团队实现

量子传输																
Alice的随机密钥	0	1	1	0	1	1	0	0	1	0	1	1	0	0	1
随机发送基底	D	R	D	R	R	R	R	D	D	R	D	R	D	D	R
Alice发送的光子	↗	↕	↗	↔	↕	↔	↔	↗	↗	↔	↗	↕	↗	↗	↗
随机接收基底	R	D	D	R	R	D	D	R	D	R	D	D	D	D	R
Bob接收到的比特	1		1	1	0	0	0		1	1	1			0	1
公共信道讨论																
Bob汇报接收的基底	R		D		R	D	D	R		R	D	D			D	R
Alice确认正确基底			OK		OK			OK			OK				OK	OK
推测共享信息(无窃听状态下)			1		1			0			1				0	1
Bob随机展示部分密钥比特					1										0	
Alice确认					OK										OK	
结论																
剩余比特作为共享密钥			1					0			1					1

图 1-2　BB84 协议原理图[33]

了超过200km的量子密钥分发[34]。2013年，中国科学技术大学承建世界第一条长达2000km的量子保密通信干线"京沪干线"[35]，并于2017年正式开通，实现了速率大于20kbit/s的密钥分发[36]。2016年，我国成功发射世界首颗量子科学实验卫星"墨子号"，并利用此卫星实现了从卫星到地面1200km的千Hz密钥速率[37]。随后，潘建伟教授团队提出了一系列双生场量子密钥分发方案，将传输距离提升至500km[38-40]。2022年，中国科学技术大学郭光灿院士与韩正甫教授合作实现了830km距离上的量子密钥分发[41]，向千km陆基量子保密通信迈出重要一步。

然而，目前量子密钥分发方案受到单光子探测效率和死区时间等技术瓶颈限制[40]，密钥速率最高仅为Mbit/s量级，并且量子编码过程必须使用量子通道，无法实现与现行光纤通信系统完全兼容。因此，研究学者开始探索与现行光纤通信系统兼容的经典物理层密钥分发技术，以期实现传输距离与密钥分发速率的双赢。

1.2
经典物理层密钥分发主要方法

基于经典物理层的密钥分发主要方法包括：光纤激光器参数随机选择[42-47]、物理不可克隆函数（physical unclonable function，PUF）[48]、光纤信道互易性[49-60]和激光同步[61-86]等。本节将详细介绍前三种方法的基本原理以及研究进展，简要分析各类方法中现存的问题，概述半导体激光器的非线性动态发展历程及同步方式。

1.2.1 光纤激光器参数随机选择

2006年，以色列特拉维夫大学Scheuer和美国加州理工学院 Yariv 教授首次提出基于光纤激光器波长随机选择的密钥分发方案[42]，其原理如图 1-3(a) 所示。合法通信双方 Alice 和 Bob 通过独立地控制置于光纤激光器两端的反馈镜 M_A 和 M_B 的反射中心波长（λ_A 或 λ_B）来随机改变激光器的输出中心波长（λ_1、λ_2 或 λ_T）。当通信双方选择反馈镜波长相同（$\lambda_1\lambda_1$ 或 $\lambda_2\lambda_2$）时，光纤激光器输出相应中心波长（λ_1 或 λ_2）的激光信号，此时窃听者通过探测激光器光谱可轻易获知通信双方的波长选择情况，此时波长作为密钥是不安全的，不可用于分发。当通信双方选择波长不同（$\lambda_1\lambda_2$ 或 $\lambda_2\lambda_1$）时，光纤激光器输出激光信号的中心波长为 $\lambda_T=(\lambda_0+\lambda_1)/2$，此时窃听者即使可以获知激光器

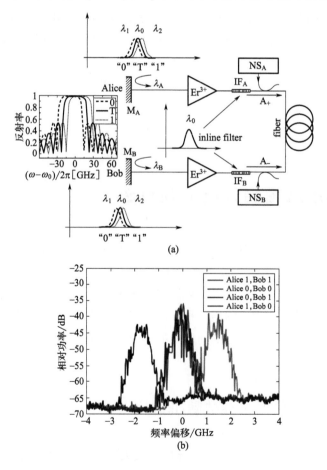

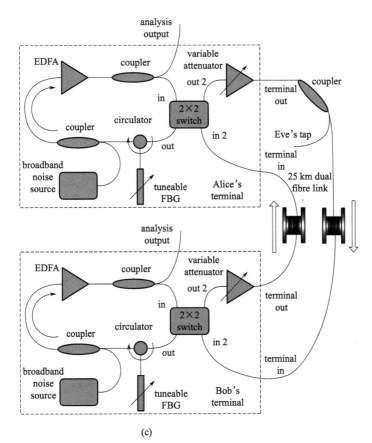

(c)

图 1-3 光纤激光器波长随机选择的密钥分发方案

(a) 原理图[42]；(b) 光谱[43]；(c) 实验装置[43]

fiber—光纤；inline filter (IF)—纤内滤波器；M—镜面；NS—噪声源；EDFA—掺铒光纤放大器；Eve's tap—Eve 窃听端；coupler—耦合器；analysis output—分析输出端；variable attenuator—可调谐衰减器；terminal out—终端输出；terminal in—终端输入；25km dual fibre link—25 公里双向光纤链路；Alice's terminal—Alice 端；Bob's terminal—Bob 端；tuneable FBG—可调啁啾光纤光栅；circulator—环形器；broadband noise source—宽带噪声源；2×2 switch—2×2 开关；in—输入；out—输出

输出中心波长，也无法准确判断通信双方选择中心波长的情况，此时波长作为密钥参数是安全的，可进行密钥分发。通信双方可根据探测到的激光器中心波长以及己方选择的中心波长判断对方选择的中心波长，从而根据预先设定的密钥协议获得一致密钥，由此实现安全的密钥分发。2008 年，美国加州理工学院 Zadok 等对此方案进行了实验验证[43]，实验装置如图 1-3(b) 所示。通信双方通过可调谐的光纤布拉格光栅 (fiber bragg grating, FBG) 对反馈波长进行随机选择。激光器输出信号的光谱如图 1-3(c) 所示，当 Alice 和 Bob 选择中心波长相同，即为 11 或 00 时，激光器输出光谱中心波长存在一定间隔；当 Alice 和 Bob 选择中心波长不同，即为 01 或 10 时，激光器输出光谱中心波长重合。此实验最终实现了距离为 25km、速率为 167bit/s 的密钥分发。

上述方案原理上可以实现长距离的密钥分发，但是通信双方激光信号在光纤激光器中传输一个周期才可以判断通信双方所选的参数是否可用，这就导致密钥的分发效率低。2009 年，以色列特拉维夫大学 Bar-Lev 等提出利用多路光纤激光器的波分复用提高密钥生成速率和密钥分发速率[44]，但其系统更为复杂。

在上述方案中，窃听者可以在光纤激光器的传输路径上某个位置窃取生成的激光信号，通过观察光谱的中心波长猜测通信双方的密钥分发情况，即使激光器中心波长为 λ_T，窃听者仍有一定的概率获取随机密钥，从而威胁分发过程的安全性。因此，2014 年，Kotlicki 等提出基于光纤激光器暗态的密钥分发方案[45]。方案的实验装置如图 1-4(a) 所示，Alice 和 Bob 分别在己方引入一个可调谐的 Fabry-Pérot 干涉仪，干涉仪的透射峰与反馈镜的中心频率匹配。当通信双方选择中心波长相同时，掺铒光纤放大器 (erbium doped fiber amplifier, EDFA) 的增益在激射阈值之上，光纤激光器处于激射状态。当通信双方选择中心波长不同时，光纤激光器无法激射，无法探测到中心波长和强度特征，此时激光器处于暗态。窃听者无法从激光器输出的光谱或时间序列上观察到激光器输出的信号特征，所以，利用光纤激光器的暗态可以提高密钥分发过程的安全性。此方案实验实现了传输距离为 200km、速率为 0.5kbit/s 的密钥分发。同年，El-Taher 等将上述方案中的 EDFA 增益更换为拉曼泵 (raman pump)，进一步增加了密钥分发的传输距离并验证了此方案对于时域或频域被动攻击的安全性，实验装置如图 1-4（b）所示。最终，实现了传输距离为 500km、平均速率为 100bit/s 的无误码随机密钥分发[46]。

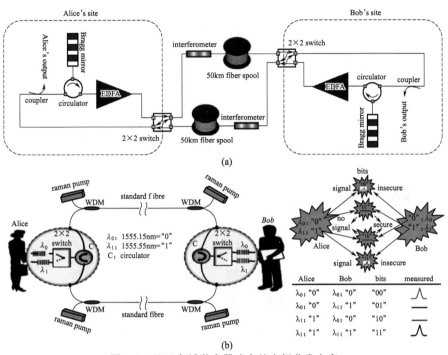

图 1-4　基于光纤激光器暗态的密钥分发方案

（a）EDFA 增益[45]；（b）raman 增益[46]

Alice's site—Alice 端；Bob's site—Bob 端；Alice's output—Alice 输出；Bob's output—Bob 输出；Bragg mirror—布拉格镜面；500km fiber spool—500 公里光纤线轴；interferometer—干涉仪；WDM—波分复用器；standard fibre—标准光纤；signal—信号；insecure—不安全；no signal—无信号；secure—安全；bits—比特；measured—探测信号

除光纤激光器的反馈中心波长外，2015 年，法国利摩日大学 Tonello 等提出通过随机改变光纤激光器谐振腔的长度来改变激光器自由谱范围的密钥分发方案，并进行了实验验证[47]，实验装置如图 1-5（a）所示。Alice 和 Bob 在双方之间构建了谐振腔长（即传输距离）为 50km 的光纤激光器，双方独立地选择添加或者不添加额外的 1km 光纤段，从而随机改变激光器的自由

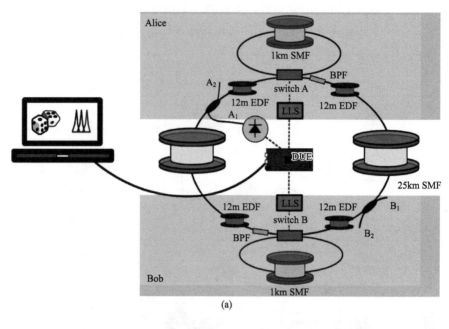

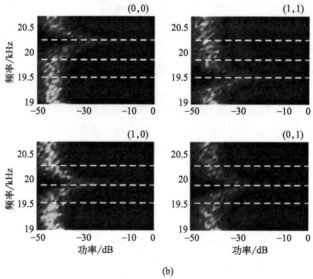

图 1-5 基于光纤激光器腔长随机变化的密钥分发方案[47]

(a) 实验装置图;(b) 激光器射频谱

1km SMF—1 公里标准单模光纤;switch—开关;BPF—带通滤波器;12m EDF—12 米色散补偿光纤;25km SMF—25 公里标准单模光纤;LLS—逻辑电平移位器;DUE—微处理器单元

谱范围。当双方均选择添加（1，1）或者不添加（0，0）时，光纤激光器的谐振腔长度分别为52km或50km，激光器的射频谱强度峰值分别为19.6kHz或20.4kHz，此时不进行密钥分发；当一方选择添加，另一方选择不添加（1，0）或（0，1）时，光纤激光器的谐振腔长度均为51km，此时光纤激光器的射频谱强度峰值为20kHz，如图1-5(b)所示。同理，当双方选择不同时，窃听者无法准确得知通信双方的具体选择，从而可以进行安全的密钥分发。该方案在实验中实现了传输距离为50km的密钥分发。

然而，在此类方案中，通信双方通过光纤激光器输出激光信号的特征（光谱或者自由谱）和己方选择的参数即可获知对方选择的参数，从而完成随机密钥的分发。然而，通信双方每改变一次参数，激光信号需在光路中往返一周才可判断此时的密钥是否可用，所以此类方法的密钥分发速率原理上与激光器谐振腔长（即传输距离）成反比。若要实现长距离且高速的密钥分发需要原理性的突破。

1.2.2 物理不可克隆函数

物理不可克隆函数（physical unclonable function，PUF）是指内在结构复杂的物理实体在制作过程中由于不可避免的工艺误差，造成其内部结构存在随机性，对输入其中的任何激励信号均产生随机、唯一且不可预测的响应[87-89]。光学物理实体中具有复杂的散射、反射、吸收或非线性等行为，所以基于光学行为实现的PUF更难被克隆或预测，在安全方面具有更大的优势。其中，存在线性空间散射效应的光学材料是一种典型的PUF[87,90,91]。

2013年，美国加州理工学院Horstmeyer等提出利用光学散射体材料对激励信号的响应唯一性进行密钥分发的方案，并进行了实验验证[48]，原理如图1-6所示。Alice和Bob利用光学散射体材料作为通信PUF，首先用一个由空间光调制器（spatial

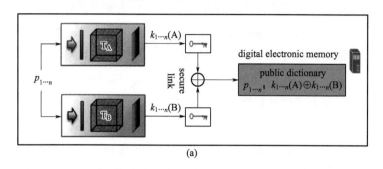

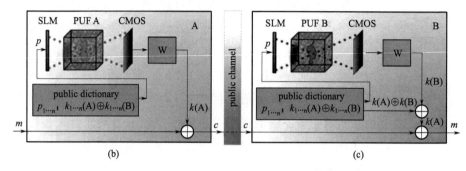

图 1-6 基于物理不可克隆函数的密钥分发方案[48]:
(a) 通信双方创建公共词典; (b) Alice 方加密; (c) Bob 方解密
secure link—安全通道; digital electronic memory—数字电子存储器;
public dictionary—公共词典; W—白化投影;
public channel—公共信道

light modulator, SLM) 构造的空间分布为 $p_{1\cdots n}$ 的随机相干光波阵面分别照射双方的散射体材料 T_A 和 T_B, 形成一系列散斑图样, 由 CMOS (金属氧化物半导体) 探测器探测, 转换为随机密钥 $k_{1\cdots n}(A)$ 和 $k_{1\cdots n}(B)$。将双方的随机密钥序列进行异或运算, 生成的运算结果 $k_{1\cdots n}(A) \oplus k_{1\cdots n}(B)$ 作为公钥与激励序列 $p_{1\cdots n}$ 一同保存在数字电子存储器中, 构成公共词典, 如图 1-6(a) 所示。双方进行通信时, Alice 在公共词典中选取一个激励 p, PUF A 生成对应的密钥 $k(A)$, 其作为私钥与待传输的信息 m 进行异或运算, 实现对信息的加密, 得到的加密信号 c 经过公共信道传送到 Bob 方。PUF B 使用与 Alice 方相同的激励

p 生成对应的私钥 $k(B)$，在公共词典中提取与激励 p 对应的公钥 $k(A) \oplus k(B)$，Bob 方的私钥 $k(B)$ 与公钥 $k(A) \oplus k(B)$ 进行异或运算即可获得 Alice 私钥 $k(A)$，至此完成密钥的安全分发。Bob 方获得的 $k(A)$ 与加密信号 c 进行异或，即可实现信息解密获得 m。利用此方案进行实验，成功实现了随机密钥的安全分发以及信息的加密和解密。

虽然利用光学散射体材料对激励信号的响应唯一性产生的随机密钥具有随机性和唯一性，但预先存储在公共词典中的激励序列以及对应的公钥序列长度有限。若重复使用这些密钥则无法满足 Shannon "一次一密"加密方案的要求，且难以经受已知明文的攻击。因此，通信双方需要定期更新公共词典中的激励序列以及对应生成的公钥序列。另外，光学物理散射体的内部结构特性存在长期不稳定性，可能导致预先存储的公钥失效，导致分发的随机密钥存在误码，无法成功对信息进行解密。因此，通信双方不仅需要更新激励序列和公钥，也需要不定期对公钥进行验证。

1.2.3 光纤信道互易性

1993 年，苏黎世联邦理工学院 Maurer 教授证明：如果在一定条件下可以获得具有一定相关性的噪声信号，通信双方可以将其作为物理熵源，对其进行采样量化可实现在异地同时提取一致的随机序列作为共享密钥，从而完成密钥分发[92]。此理论最早应用于无线通信领域[93-97]，无线信道中存在短时互易性，通信双方可在信道中获取高度相关的噪声信号，从而在异地产生一致的随机密钥，信道的路径相关性可防止窃听[97]。然而，无线通信中环境噪声带宽低限制了密钥生成速率，并且大气传输过程中存在的损耗也使得密钥分发距离不宜过长。

2013 年，俄罗斯科学院 Kravtsov 等基于上述理论提出利用光纤信道中的噪声互易性进行密钥分发的方案，并对此进行了实验验证[49]，其原理如图 1-7(a) 所示。通信双方 Alice 和 Bob 之间构建一个大型的光纤马赫-曾德尔干涉仪（Mach-Zehnder optical fiber interferometer，MZI），利用双臂信号的干涉测量光纤信道中存在的相位噪声。根据干涉原理，干涉仪的输出功率正比于 $x=(1+\cos\Delta\varphi)/2$，其中，$\Delta\varphi$ 为干涉仪双臂之间的相位差。双方的宽带信号经过同一光纤信道进行传输，信道中的相位噪声对宽带信号的影响高度相似，所以通信双方探测到的功率波形具有高度的相关性，对功率波形进行采样量化即可异地产生一致的随机密钥。此方案通过实验实现了传输距离为 26km、速率为 0.16kbit/s、误码率（bit error ratio，BER）小于 0.04 的密钥分发。此外，2018 年，上海交通大学 Hajomer 等提出基于两个正交偏振模之间的相位差随机波动的密钥分发方案[50]，原理如图 1-7(b) 所示。通信双方利用长距离保偏光纤（polarization maintaining optical fiber，PM-fiber）构建了延迟干涉仪（delay interferometer，DI），保偏光纤中正交偏振模的相位差受温度、压力和机械变化等环境变化的影响产生随机波动。由于光纤信道的互易性，Alice 和 Bob 可获得与相位差对应的高度相关的随机信号。此方案通过实验实现了传输距离为 25km、平均密钥生成速率为 220bit/s、误码率为 0.05 的密钥分发。2019 年，美国普林斯顿大学黄超然等提出利用宽带噪声信号（ASE）与本地对称的 MZI 结合将环境噪声转换为随机光信号，从而实现密钥分发的方案[51]，原理如图 1-7(c) 所示。本地化的 MZI 不仅可以将密钥生成速率提高至 502bit/s，且该系统对主动入侵攻击具有鲁棒性。

2018 年，美国加利福尼亚大学 Zaman 等提出利用光纤链路中的偏振模色散（polarization mode dispersion，PMD）进行密

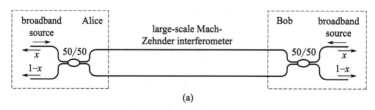

(a)

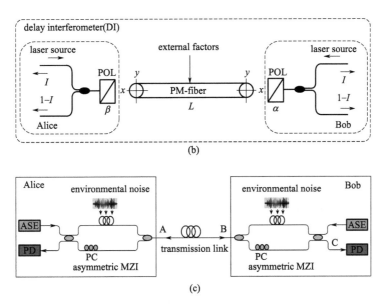

图 1-7 基于信道噪声互易性的密钥分发方案

(a) 马赫-曾德尔干涉仪[49];(b) 延迟干涉仪[50];(c) 本地对称马赫-曾德尔干涉仪[51]
broadband source—宽带光源;large-scale Mach-Zehnder interferometer—大型马赫-曾德尔干涉仪;laser source—激光源;POL—偏振器;external factors—外部因素;PD—光电探测器;environmental noise—环境噪声;asymmetric MZI—非对称马赫-曾德尔干涉仪;transmission link—传输链路;PC—偏振控制器;I—偏振模干涉光强度;L—保偏光纤长度;A、B、C—信号测量点

钥分发的方案[52],原理如图 1-8(a) 所示。光纤中的双折射效应来源于光纤链路中的不同内部和外部应力,包括纤芯不对称、非均匀载荷、光纤弯曲和扭曲等,本质上是完全随机的。光纤链路中的 PMD 与双折射引起的差分群时延有关,因此也是完全随机的,可以用作随机密钥产生的熵源。通信双方传输光脉冲信号,如图 1-8(b) 中曲线,经过 50km 光纤链路传输后,探测到的信号幅值变化与其本身类似,如图 1-8(c) 中实线,用此信号产生密钥易被窃听者破解。因此,通信双方在各自端口构建了两段随机拼接保偏光纤(RSPMF)模拟长距离光纤网络的 PMD 来增强探测信号幅值的随机性,此时的探测信号如图 1-8(c) 中虚线。由于光纤信道互易性,通信双方可获得高度相关的探测信号作为

一致随机密钥的熵源,从而实现密钥分发。

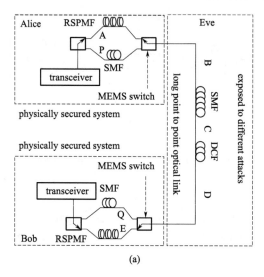

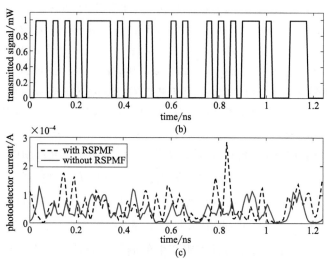

图 1-8　基于偏振模色散的密钥分发方案[52]

(a) 原理示意图;(b)、(c) 传输及探测信号

transceiver—收发器;SMF—单模光纤;MEMS switch—微机电系统开关;physically secured system—物理层保密系统;long point to point optical link—长距离点对点链路;DCF—色散补偿光纤;exposed to different attacks—遭受不同的攻击;transmitted signal—传输信号;photodetector current—光电探测器电流;time—时间;with RSPMF—存在 RSPMF;without RSPMF—不存在 RSPMF;A、B、C、D、E、P、Q—信号测量点

2018 年，美国耶鲁大学 Bromberg 等提出利用多模光纤中的模式随机混合进行密钥分发的方案[53]，其原理及实验结果如图 1-9 所示。通信双方将各自的光信号经过单模光纤耦合进多模光纤中，利用光纤链路的互易性和唯一性来保证光纤两端产生的随机波动相关性高达 0.99，从中提取一致的随机密钥 key A 和 key B，从而实现密钥分发。此实验利用 1550nm 波段、纤芯直径为 62.5μm 的多模光纤，实现了传输距离为 1km、速率为 20Hz 的密钥分发。另外，该方案可利用波分复用进行并行随机密钥产生，从而提高密钥速率。但由于多模光纤对信号功率损耗较大，该方案无法进行长距离实验。

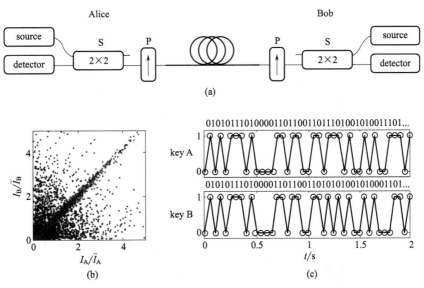

图 1-9 基于多模光纤模式随机混合的密钥分发方案[53]
(a) 实验装置；(b) 关联点图；(c) 随机密钥
source—光源；detector—探测器；S—开关；P—偏振片；key—密钥

然而，在上述基于光纤信道互易性产生一致随机密钥的方案中，物理熵源的低带宽将密钥生成速率限制在 kbit/s 量级。2019 年，上海交通大学 Hajomer 等通过引入主动偏振扰动提高一致密钥的生成速率[54]，方案原理如图 1-10(a) 所示。光纤信道中的即时偏振态（state of polarization，SOP）受光纤内部双折射效应影响呈现随机特性，光纤链路中构建的主动扰频器增加了偏振态变化的复杂度，即增强了熵源带宽。最终，实验实现了传输距离为25km、密钥速率为200kbit/s的密钥分发，并通过后处理技术消除了密钥中的误码。2021年，该课题组提出通过使用高速混沌极化扰频器将密钥分发速率提高至284.8Mbit/s[55]，方

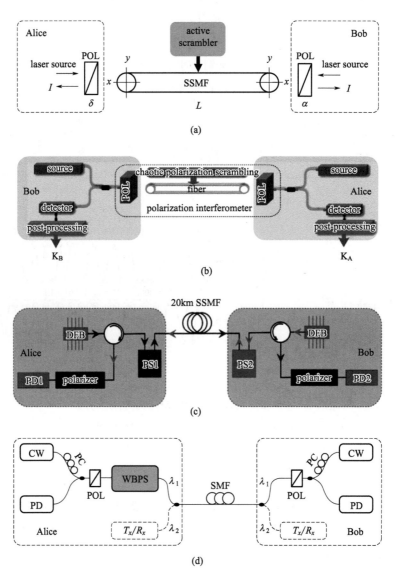

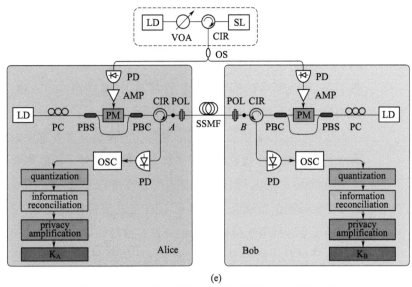

图 1-10 主动扰动偏振态提高密钥分发速率的方案

(a) 主动偏振扰动器[54]；(b) 高速混沌极化扰频器[55]；(c) 本地偏振扰动器[56]；

(d) 双向宽带偏振扰动器[57]；(e) 光混沌信号扰动本地偏振调制器[58]

active scrambler—主动扰频器；SSMF—标准单模光纤；post-processing—后处理；chaotic polarization scrambling—混沌极化扰动；polarization interferometer—偏振干涉仪；DFB—分布反馈激光器；polarizer—偏振器；CW—连续波光源；LD—激光二极管；VOA—可调衰减器；CIR—环形器；SL—半导体激光器；OS—光分束器；AMP—放大器；PBS—偏振分束器；PBC—偏振合束器；quantization—量化；information reconciliation—信息协商；privacy amplification—私密放大；R_x—接收信号；T_x—传输信号

案原理如图 1-10(b) 所示。除了在光纤链路中添加主动扰动外，也可在收发端构建主动扰动来提高密钥的生成速率。2021 年，复旦大学黄鹏等提出通过在合法用户本地端构建两个偏振扰码器（polarization scrambler，PS）对光纤的偏振状态进行主动调制以提高密钥分发速率[56]，方案原理如图 1-10(c) 所示。此方案通过实验实现了传输距离为 20km、误码率为 0.33%、速率为 1216bit/s 的密钥分发。同年，上海交通大学张刘明等提出利用双向宽带偏振扰码器（wideband polarization scrambler，WB-PS）快速对称地改变光纤中两个反向传输光信号的 SOP，将密钥生成速率继续提升至 2.7Gbit/s，此实验的传输距离为 10km[57]，方案原理如图 1-10(d) 所示。另外，华中科技大学邵卫东等于同年提出利用光混沌信号扰动本地偏振调制器（light polarization modulator，LPM）提高密钥分发速率的方案，原理如图 1-10(e) 所示，实验实现了传输距离为 10km、速率为 4.3Gbit/s 的无误码随机密钥分发[58]。

然而，在上述基于光纤信道互易性的密钥分发方案中，虽然通过光纤链路或者收发端设置主动偏振扰动器可以提高密钥分发速率至 Gbit/s 量级，但光纤信道互易性在进行百 km 甚至千 km 长距离传输时无法持续保持，甚至无法完成密钥分发过程。所以，上述基于光纤信道互易性的密钥分发方案即使可实现 Gbit/s 量级的速率，但其传输距离无法实现原理上的突破，被限制在几万米范围内。

除上述方案外，2019 年，北京邮电大学张杰教授等提出利用数字信号在链路中传输时引入误码的互易性进行密钥分发的方案[59]，原理如图 1-11(a) 所示。Alice（Bob）将信息发送给 Bob（Alice），后者解调出信息后再进行回传，Alice（Bob）方可测量出光纤链路传输过程中引入的误码率（bit error ratio，BER），它是随时间随机波动的，Alice 和 Bob 可通过短时连续地测量得到高度相似的误码率随机波动序列。双方对误码率波动信号进行采样量化，异地产生一致随机密钥。此方案通过实验实现了传输距离为 200km、速率为 2Mbit/s、误码率为 0.02 的密钥分发。2021 年，该课题组提出利用光纤信道中的信噪比（signal to noise ratio，SNR）随时间随机变化进行密钥分发的方案[60]，原理如图 1-11(b) 所示。该方案理论证明了传输距离为 200km、误码率为 2%、速率为 25kbit/s 的密钥分发。此类方法通过测量信号在光纤链路中往返传输引入的参数随机变化实现密钥分发，突破了距离的限制，但是在此类方案中，密钥生成速率原理上受限于误码率和信噪比的测量时间。

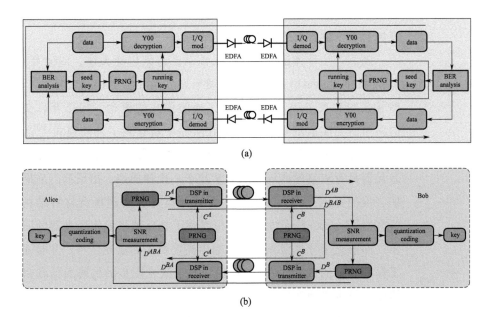

图 1-11 基于光纤信道随机影响信号特性的密钥分发方案

(a) 弧误码的互易性进行密钥分发[59]；(b) 利用信噪比随时间随机变化进行密钥分发[60]

BER analysis—误码率分析；data—数据；Y00 decryption—Y00 解密；I/Q mod—I/Q 调制；seed key—种子密钥；PRNG—伪随机数生成器；running key—滚动密钥；Y00 encryption—Y00 加密；I/Q demod—I/Q 解调；quantization coding—量化编码；DSP in transmitter—传输端的数字信号处理；DSP in receiver—接收端的数字信号处理；SNR measurement—信噪比测量；D—传输信号，上标为信号位置；C—随机基态，上标为位置

1.2.4 半导体激光器的非线性动态发展历程及同步方式

半导体激光器发展至今种类已经十分丰富，其工作波长可覆盖紫外到远红外不同波段；腔内结构可分为法布里-珀罗（Fabry-Pérot，F-P）腔、分布反馈（distribution feedback，DFB）腔、分布布拉格反射（distributed Bragg reflection，DBR）腔、环形腔、边发射和面发射等；增益方式有体结构、量子阱、量子点、量子线、量子级联等。在半导体激光器应用初期，有研究学者发现其会因反馈导致不稳定现象[98-101]。直到 20 世纪 80 年

代，研究学者逐渐发现探究半导体激光器在外部扰动下的非线性现象有助于器件物理特性的深入研究。

随后，半导体激光器的非线性动态得到广泛关注。1980年，Lang和Kobayashi建立了光反馈半导体激光器的速率方程[102]，即著名的L-K方程，同时提出了外腔模式的概念。1982年，美国海军研究实验室Goldberg等在实验中观察到了外腔模式[103]。随后，在L-K方程的基础上，有研究学者发现了光反馈半导体激光器具有丰富的非线性动力学状态，比如周期、倍周期、准周期、混沌等[104-109]。1996年，西班牙高等科研理事会材料结构研究所Mirasso等通过数值模拟实现了光反馈半导体激光器的同步，即两支半导体激光器可以输出高度相关的激光信号，并验证了保密通信的可能性[110]。此后，基于激光同步的保密通信和密钥分发技术飞速发展。

迄今为止，半导体激光器的同步类型可以分为单向注入[82,111-127]、互注入[61,62,128-142]、共同信号驱动[70,143-156]等，如图1-12所示。单向注入同步结构如图1-12(a)所示，主激光器A为光反馈半导体激光器，根据从激光器B有无外部反馈将此结构分为开环单向注入同步[82,111-115]和闭环单向注入同步[82,114,116-127]。开环单向注入同步的控制参量为注入强度和主从激光器间的频率失配量，同步状态可分为完全同步[82,113,115]和注入锁定同步[111,112,116]。由于完全同步参数要求较为苛刻，现场实验中较多应用注入锁定同步[111]。闭环单向同步对外腔长度匹配要求较高，同步质量较开环更好，同步鲁棒性位于开环结构完全同步和注入锁定同步之间[118,119]。互注入同步结构如图1-12(b)所示，主从激光器A和B均为光反馈半导体激光器，实现同步则要求主从激光器参数完全匹配，当主从激光器反馈延时之和等于注入延时的二倍时，可以实现高质量同步[128,130,132-134]。共同信号驱动结构如图1-12(c)所示，两个参数匹配的响应半导体激光器A和B在第三方驱动信号C同时扰动下可实现激光同步。驱动信号可以选取光反馈半导体激光器[143,144,154,155]、随机噪声信号[145,146,148,151,152]、或幅值恒定相位随机激光信号[70,146,149,150]等。响应激光器结构有开环[70,143,145,148,151,152]或闭环[144,146,147,149,150],激光器类型有DFB[143-151]、F-P[152]、垂直腔表面发射激光器(vertical cavity surface emitting laser,VCSEL)[154]等。激光同步质量依赖于响应激光器内部参数以及驱动参数的匹配程度。

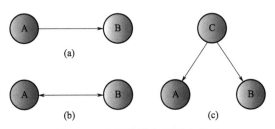

图 1-12 半导体激光器同步类型
(a) 单向注入;(b) 互注入;(c) 共同信号驱动

通信双方所用激光器高质量同步是高速保密通信和安全密钥分发的必要条件,本书着重研究基于激光同步的密钥分发,所以将详细介绍基于半导体激光器同步的密钥分发研究现状及现存的问题。

1.3
基于半导体激光器同步的密钥分发研究现状

利用半导体激光器同步进行密钥分发的方法主要有两类:一是发送方利用互耦合半导体激光器产生的宽带混沌信号作为载波对待传输随机密钥进行掩藏,接收方利用混沌滤波效应提取随机密钥;二是通信双方将半导体激光器输出的同步激光信号作为物理熵源,异地产生一致的随机密钥。接下来,对两种方式的密钥分发研究进展以及现存的问题进行详细介绍。

1.3.1 研究进展

1.3.1.1 混沌掩藏密钥交换

2007 年，西班牙巴利阿里群岛大学 Vicente 等提出基于互耦合混沌同步的双向信息交换通信方案，并进行了理论验证[61]，其原理如图 1-13(a) 所示。Alice 和 Bob 各自的半导体激光器通过放置在路径中的半透半反镜面实现光反馈和互耦合，通过调节耦合系数和反馈强度获取高度相关的混沌载波。基于传统的混沌保密通信原理和技术，双方将各自的待传输信息 $m_1(t)$ 和 $m_2(t)$ 掩藏于混沌载波中传输给对方，Alice 和 Bob 将双方掩藏了信息的混沌载波相减，即可获得 $m_1(t)$ 和 $m_2(t)$ 的差值序列 $m_2(t+lag)-m_1(t)$，如图 1-13(b) 中的右上分图，其中 lag 为延迟或滞后时间。通信双方利用各自的信息序列以及信息差值序列即可恢复出对方的信息，完成信息的双向传输。2016 年，该课题组将随机密钥序列掩藏于混沌载波中进行互相传输，筛选差值序列接近 0 时的一致密钥作为共享密钥，完成密钥分发[62]，实验装置和结果如图 1-13(c) 和 (d) 所示。在背靠背情况下，实现了速率为 11Mbit/s 的密钥分发。然而，在此类方法中，混沌载波在公共信道中传输，易被窃听者获取，且窃听者可通过强注入锁定重构同步，窃取到双方密钥。因此，此方案需要更大参数空间的混沌半导体激光器作为用户端，以提升安全强度。

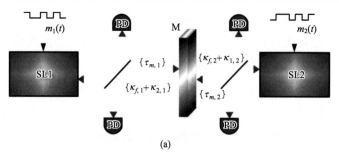

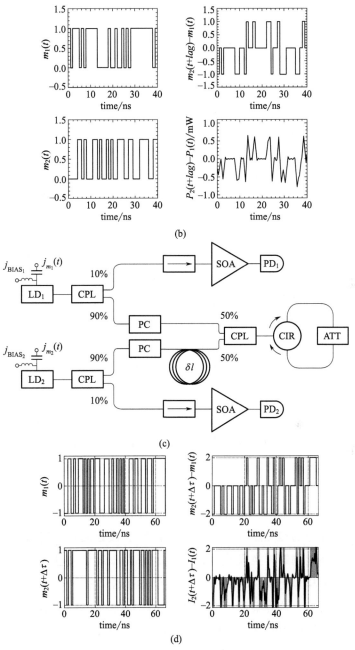

图 1-13 混沌掩藏密钥交换方案

(a) 原理[61]; (b) 模拟结果[61]; (c) 实验装置[62]; (d) 实验结果[62]

CPL—耦合器; SOA—半导体光放大器; ATT—衰减器

1.3.1.2 同步激光信号作物理熵源

根据 Maurer 教授的理论，通信双方可以从高度相关的随机信号中提取一致的随机密钥来完成密钥分发。已知参数匹配的半导体激光器在单向注入、互耦合或共同驱动结构下可实现高质量同步，产生高度相关的时间序列。由此，通信双方可将异地同步的半导体激光器输出的激光信号作为物理熵源，从中提取一致的随机序列作为共享密钥。目前，利用同步激光信号作为物理熵源进行密钥分发的方法有两种：一种是直接从同步的激光信号中提取一致随机密钥，或者通过加入复杂的后处理技术提高密钥安全性；另一种是对激光同步进行随机键控，将同步区间内提取的随机序列作为共享密钥，此种方法为密钥分发提供了附加的安全层。接下来，对两种方法进行详细介绍。

(1) 随机密钥直接提取

2010 年，以色列巴伊兰大学 Kanter 等提出利用互耦合半导体激光器同步的混沌信号作为物理熵源，可以生成一致的随机密钥序列[63]。2016 年，西班牙巴利阿里群岛大学 Argyris 等提出利用两个半导体激光器与远程的中心半导体激光器（semiconductor laser）互耦合可以实现混沌同步，并利用此结构实现了相关随机密钥的产生，实验装置如图 1-14 所示，首次实现了超过 Gbit/s 量级的"一次一密"加密通信协议[64]。

2018 年，华中科技大学赵泽西等提出基于模数混合电光混沌源的相关随机密钥产生方案[65]。模数混合混沌源由相位调制-强度调制转换模块（PICM）、电光非线性变换模块（NLTM）、采样量化模块（SQM）和移位寄存器（SR）组成，如图 1-15(a) 所示。该方案的原理如图 1-15(b) 所示，Alice 和 Bob 构建参数相同的 PICM 和 NLTM，Alice 方利用 SQM 从 NLTM 输出的模拟信号中提取二进制比特序列，将其发送回本地的 SR 后在 PICM 上调制形成闭合环路，将相同序列经公共信道传输给 Bob 方的 SR，对 Bob 方的 PICM 进行调制，Bob 方即可生成与 Alice

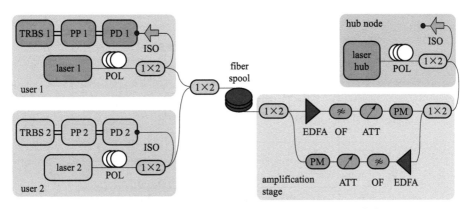

图 1-14 互耦合混沌同步产生相关随机密钥实验装置[64]

TRBS—真随机数发生器；PP—后处理模块；ISO—隔离器；fiber spool—光纤线轴；OF—光滤波器；
PM—功率计；amplification stage—放大层；hub node—集线器节点；laser hub—激光中枢

高度相关的混沌信号。采用后处理技术从同步混沌信号中提取一致的随机比特序列（SRBS）作为最终共享密钥。图 1-15(c) 为此方案的系统结构示意图。

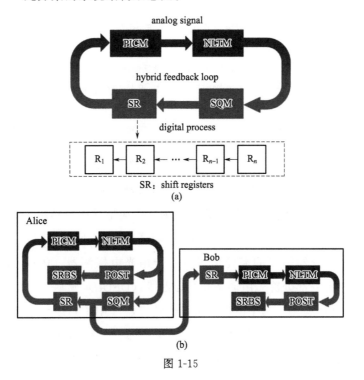

图 1-15

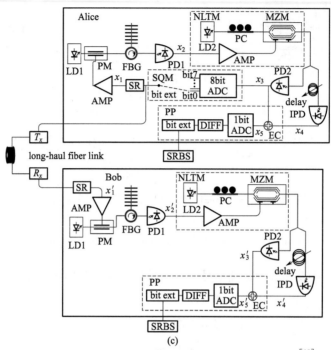

图 1-15 基于模数混合电光混沌源的相关随机密钥产生[65]

(a) 模数混合混沌源；(b) 相关随机数产生原理；(c) 系统结构

analog signal—模拟信号；hybrid feedback loop—混合反馈环；digital process—数字过程；shift registers—移位寄存器；POST—后处理模块；MZM—马赫-曾德尔调制器；delay—延迟；8bit ADC—8 比特模数转换器；bit ext—比特输出；EC—电耦合器；IPD—反相光电二极管；DIFF—差分器；long-haul fiber link—长距离光纤；R—随机序列；T_x—传输信号；R_x—接收信号

  2015 年，电子科技大学薛城鹏等提出利用共驱混沌同步的结合动态后处理技术生成相关随机密钥的方案[66]，原理如图 1-16 所示。驱动和响应激光器均为光反馈半导体激光器，响应激光器在与驱动激光器存在一定频率失配的情况下实现混沌同步。响应激光器输出的混沌信号一部分由光电探测器（PD）直接检测，另一部分首先由动态光纤延迟线（DFDL）延迟，然后由另一个 PD 检测。两个电信号由模数转换器（ADC）以一定速率进行同步采样，整个采样过程分为 n 个部分，每部分由非固定时间分隔。由此，非固定的空闲时间、不同采样时间跨度、不同采样率和延时的动态控制极大地扩展了密钥空间,增强了密钥生成过程的安全性。2022年,该课题组还提出了利用啁啾光纤光栅(CFBG)反馈半导体激光器共驱电光振荡器产生混沌同步,并通过随机DNA编码增强了生成共享密钥的安全性[67]。

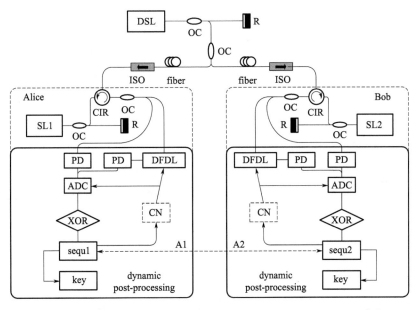

图1-16 基于共同驱动混沌同步结合动态后处理的相关密钥产生[66]
DSL—驱动半导体激光器;OC—光耦合器;R—镜面;XOR—异或器;sequ—序列;
CN—控制码;dynamic post-processing—动态后处理

2017年,香港城市大学陈仕骏等在理论上证明了光注入混沌半导体激光器C驱动两个开环结构响应半导体激光器A和B实现混沌同步,并产生了速率可调且最高可达2Gbit/s的相关物理随机数[68],方案原理如图1-17(a)所示。2020年,太原理工大学王龙生等提出利用啁啾光纤光栅(CFBG)反馈混沌半导体激光器驱动开环DFB激光器实现混沌同步,并利用一位差分比较器对同步混沌信号进行实时量化的密钥分发方案[69],产生了速率为2.5Gbit/s、误码率为0.07的相关随机密钥,实验装置如图1-17(b)所示。2019年,电子科技大学赵安科等利用振幅恒定相位随机的驱动激光器（DSL）驱动两个开环 DFB 激光器（SSL）同步，随后用同步的激光信号分别对两个连续激光器（CW）的相位进行调制，利用光纤将相位振荡转化为强度振荡生成同步的宽带物理熵源，从中提取一致的高速随机密钥[70]，方案原理如图 1-17(c) 所示。除了半导体激光器可以作为响应器件外，半导体超晶格器件[157] 和由光电子器件构成的非线性模块级联[158] 也可以作为响应器件实现同步，并从随机信号中提取一致随机序列作为共享密钥。

互耦合半导体激光器输出同步激光信号作为物理熵源的方案中，熵源信息暴露在公共信道中，安全性受到威胁。共同驱动的同步结构中，公共信道中传输的只有驱动信号，只要保证驱动信号与响应信号之间的相关性低，也就是驱动信号中包含的与熵源有关的信息量是有限的，即可保证熵源信息和最终密钥的安全性。为了进一步增加系统的安全性，有研究学者提出了对同步进行随机键控的方式，通信双方筛选同步区间内产生的随机密钥序列作为最终共享密钥。

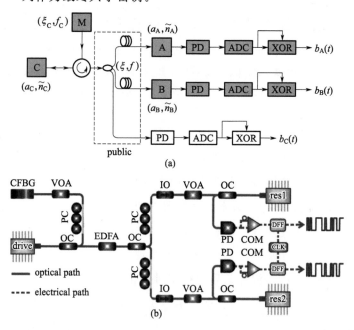

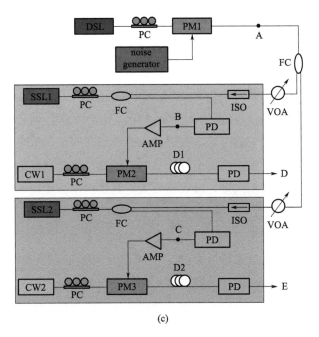

图 1-17 基于共驱混沌同步的相关随机数产生方案

(a) 光注入混沌半导体激光器驱动[68]；(b) CFBG 反馈共驱混沌同步实时量化[69]；

(c) 随机相位共驱宽带熵源同步[70]

public—公共信道；IO—隔离器；res—响应；COM——位差分比较器；DFF—D 型触发器；CLK—触发时钟；optical path—光路；electrical path—电路；noise generator—噪声发生器；FC—光纤耦合器；b—随机数序列；A、B、C、D、E 信号探测点

(2) 激光同步随机键控

2012 年，日本 NTT 通信实验室 Yoshimura 等首次提出基于激光同步随机键控的密钥分发方法[71]，实验装置如图 1-18(a) 所示。参数匹配的光反馈半导体激光器在相位随机调制的连续激光器共同驱动下实现同步，通信双方在响应激光器的反馈光路中设置相位调制器，并独立随机地使其在 0 和 π 之间进行随机切换。实验结果如图 1-18(b) 所示，当通信双方选择相位相同，即为 00 或 ππ 时，双方激光器输出的激光信号相关性为 0.9 左右，此时双方实现了同步；当相位不同，即为 0π 或 π0 时，激光信号相关性很低，此时不同步。随后，通信双方在每个键控周期

内的激光序列中抽取一个采样点,经过鲁棒的量化方法得到初始随机序列,双方通过公共信道交换随机键控码,然后筛选出键控码相同时对应提取的一致随机数作为共享密钥,从而实现密钥分发。利用此方案,通过实验实现了传输距离为120km、速率为182kbit/s的密钥分发。2013年,日本埼玉大学Koizumi等提出将此方案中的响应激光器改为多个级联光反馈激光器组成的激光系统提高密钥的安全性,只有当所有级联激光器的键控参数均相同时才实现同步,级联响应激光器的密钥分发速率也因此大幅度降低,此方案密钥速率仅为64kbit/s[72]。

在此类方案中,当通信双方反馈相位由不同切换为相同时,两个响应激光器需要一定的响应时间才可以从不同步转变为同步,此段时间称为同步恢复时间,此区间内的激光信号未达到高质量同步,所以不可用于量化生成随机密钥,此时间的长短限制了同步的键控速率,降低了激光信号的利用率,从而限制了密钥分发速率。2017年,日本埼玉大学Sasaki等尝试使用光反馈响应激光器进行光子集成,通过缩短外腔长度来缩短同步恢复时间[73],实验装置如图1-18(c)图所示。光子集成响应激光器结

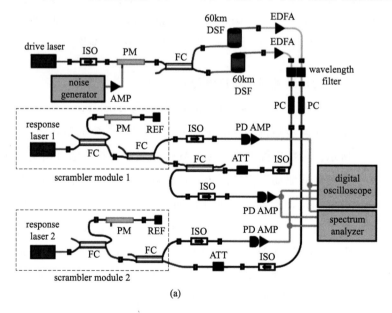

(a)

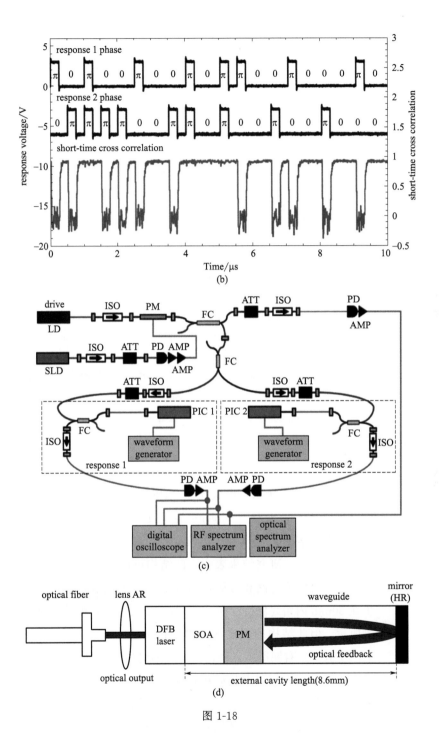

图 1-18

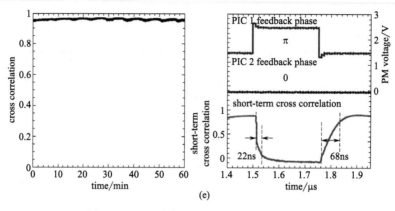

图 1-18　基于激光同步随机键控的密钥分发

(a) 实验装置[71]；(b) 激光同步随机键控实验结果[71]；(c) 光子集成响应激光器实验装置[73]；(d) 光子集成响应激光器结构[73]；(e) 实验结果[73]

drive laser—驱动激光器；DSF—色散补偿单模光纤；wavelength filter—波长滤波器；REF—反射镜；response laser—响应激光器；scrambler module—振荡模块；digital oscilloscope—数字示波器；spectrum analyzer—频谱分析仪；response 1 phase—响应 1 相位；response 2 phase—响应 2 相位；respons—响应；short-time cross correlation—短时互相关；response voltage—响应电压；drive—驱动；SLD—超辐射发光二极管；PIC—光子集成芯片；waveform generator—波形发生器；RF spectrum analyzer—射频谱分析仪；optical spectrum analyzer—光谱分析仪；optical fiber—光纤；lens—透镜；AR—反射端；optical feedback—光反馈；optical output—光输出；external cavity length—外腔长度；cross correlation—互相关值；PM voltage—相位调制器电压；feedback phase—反馈相位

构如图 1-18(d) 所示，由激光器（DFB laser）、放大区（SOA）、相位区（PM）、波导（waveguide）及镜面（mirror）构成，通信双方利用各自的波形发生器改变相位区电流以实现反馈光路相位的随机改变。研究结果表明，此结构可以解决离散系统中由于外界环境对反馈光路相位影响造成的同步不稳定问题，使激光同步在 60min 内始终保持 0.95 左右的互相关系数，如图 1-18(e) 左侧所示。但此结构的同步恢复时间仍高达 68ns，并未明显缩短，如图 1-18(e) 右侧所示，密钥分发速率仍被限制在 184kbit/s。

上述分发方案是对比随机控制码，筛选控制码相同区间内的随机序列作为共享密钥。2016 年，电子科技大学薛城鹏等提出一种交换激光信号，筛选同步区间对应的键控码作为共享密钥的密钥分发方案[74-76]。此方案中，窃听者从公共信道中探测双方激光信号即可得知其同步情况，从而存在一定概率窃取密钥。另外，该课题组还提出通过随机改变反馈外腔长度进行激光同步随机键控的密钥分发方案，并利用交替步长算法增强密钥的安全性[77,78]。此类通过键控反馈外腔参数进行密钥分发的方案中，均存在同步恢复时间限制密钥分发速率的问题。

除了随机调制光反馈 DFB 半导体激光器的反馈参数外，研究学者陆续对其他类型的半导体激光器或激光系统的密钥分发方案进行了探索。2017 年，电子科技大学江宁等提出随机改变光反馈垂直腔表面发射激光器（VCSEL）的注入信号偏振态来实现混沌同步随机键控的方案[79]，原理如图 1-19（a）所示。2019 年，华中科技大学赵泽西等利用光反馈半导体激光器代替了混合混沌源中复杂的电光信号转换过程，并通过随机调制反馈光路中的相位实现了混沌同步的随机键控，完成密钥分发[80]，原理如图 1-19（b）所示。2020 年，布鲁塞尔自由大学 Böhm 等从理论和实验两方面证明了混沌宽带电光振荡器（OEO）在共同信号驱动下可以实现混沌同步，通过随机改变电光调制深度可以进行同步随机键控，实现了高速密钥分发[81]，原理如图 1-19（c）所示。

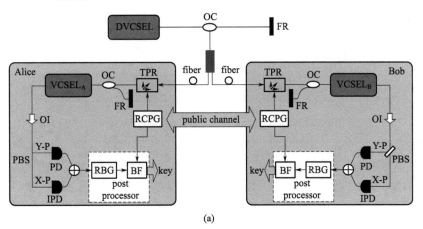

图 1-19

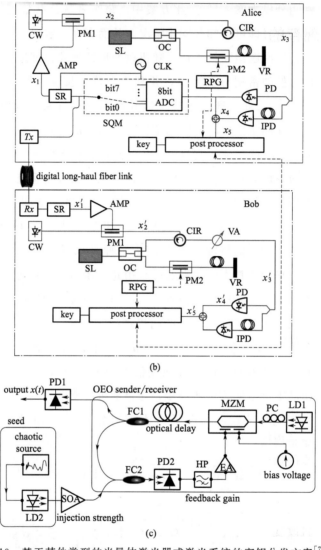

图 1-19 基于其他类型的半导体激光器或激光系统的密钥分发方案[79-81]

(a) 垂直腔表面发射激光器；(b) 光反馈半导体激光器；(c) 混沌宽带电光振荡器

DVCSEL—驱动垂直腔面发射激光器；FR—光纤反射镜；TPR—可调偏振旋转镜；OI—光隔离器；X-P—X 偏振态；Y-P—Y 偏振态；RBG—随机比特生成；BF—比特滤波器；post processor—后处理器；public channel—公共信道；RCPG—随机控制参数生成器；VR—可调反射镜；RPG—随机参数生成器；IPD—反相光电探测器；output—输出；optical delay—光延迟；bias voltage—偏置电压值；EA—电放大器；HP—高通滤波器；chaotic source—混沌源；injection strength—注入强度；seed—种子；sender/receiver—发送者/接收者；digital long haul fiber link—数字长距离光纤链路

1.3.2 现存的问题

然而，在上述随机键控激光同步的密钥分发方案中，激光信号从不同步状态向同步状态切换所需要的恢复时间在 ns 量级，例如反馈相位随机键控的密钥分发实验中，同步恢复时间高达 68ns[73]，将密钥分发的实验速率限制在 kbit/s 量级。若无法缩短同步恢复时间，则无法提高密钥分发的速率。2002 年，西班牙巴利阿里群岛大学 Vicente 等利用光反馈混沌半导体激光器单向注入开环或闭环的半导体激光器实现同步，随后通过改变注入强度研究了开环和闭环响应激光器的同步恢复时间：开环结构的同步恢复时间在百 ps 量级，闭环结构的同步恢复时间在 ns 量级[82]。这一结论在基于开环结构激光同步随机键控的密钥分发研究中也被证实。2020 年，太原理工大学王龙生等提出通信双方随机选择色散量不同的 CFBG 对各自驱动信号进行反馈，随后将其注入到开环响应 DFB 激光器中实现混沌同步的随机键控，方案原理如图 1-20(a) 所示，最终实现了速率为 1.2Gbit/s 的一致随机密钥分发[83]。2021 年，苏州大学黄宇等通过随机改变开环结构量子点自旋极化 VCSEL 激光器的偏振椭圆率实现混沌同步的随机键控，原理如图 1-20(b) 所示，密钥分发速率达到 1.34Gbit/s[84]。另外，2022 年，广东工业大学高振森等提出利用混沌自载波相位调制来增强混沌带宽，并对调制时延进行了随机改变，实现了混沌同步随机键控的密钥分发，方案原理如图 1-20(c) 所示，最终实现了速率为 2.1Gbit/s 的密钥分发[85,86]。此方案中响应激光器直接输出的混沌信号同步性是保持稳定的，仅通过后续增加参数随机切换部分实现混沌同步的随机键控。以上三个方案中，同步恢复时间均为百 ps 量级，相对于闭环响应激光器同步随机键控的密钥分发方案缩短了几个量级，大大提高了密钥分发的速率。

与光纤激光器、光纤信道互易性等密钥分发方案相比，基于

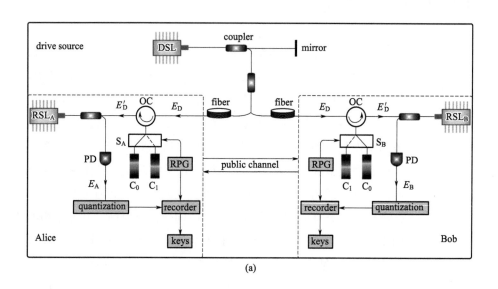

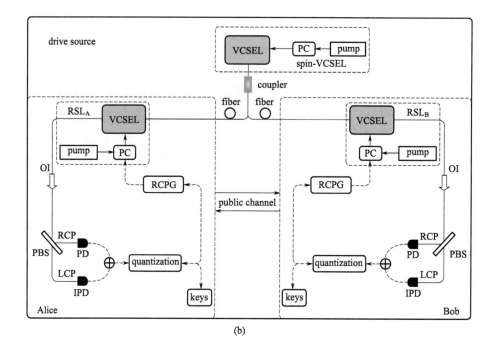

038　　基于多模激光器的密钥分发技术

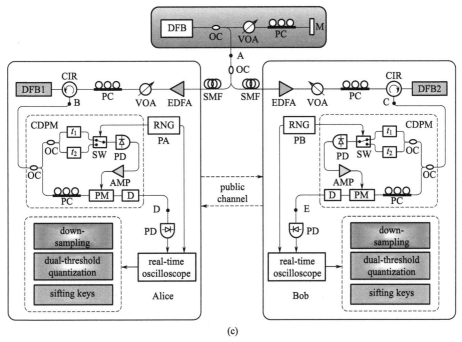

图 1-20 基于开环激光器的密钥分发方案

(a) 色散位移键控[83]；(b) 偏振键控[84]；(c) 时延位移键控[85,86]

RSL—响应半导体激光器；recorder—存储器；S—电光开关；C—啁啾光纤光栅；E—信号；drive source—驱动源；public channel—公共信道；pump—泵浦；spin-VCSEL—自旋 VCSEL；RCP—右旋圆偏振光；LCP—左旋圆偏振光；CDPM—混沌自载波相位调制；SW—光开关；D—色散模块；real-time oscilloscope—实时示波器；down-sampling—降采样；dual-threshold quantization—双阈值量化；sifting keys—筛选密钥；t_1，t_2—延迟时间；PA，PB—键控序列

激光同步随机键控的密钥分发方案具有以下优点：①作为物理熵源的激光信号频谱带宽可达数十吉赫兹，且不受光纤传输距离的影响，可以满足 Gbit/s 量级高速随机密钥产生的要求；②通信双方响应激光器内部参数需要高度匹配才可以实现高质量的激光同步，窃听者利用与其参数失配的窃听激光器无法重构同步，从而保证了硬件方面的安全性；③激光同步随机键控迫使窃听者构建成倍的窃听激光器，仅当窃听激光器处于与合法用户响应激光器相同状态时，才有可能窃取随机密钥，进一步在硬件安全的基础上提供了附加安全层。因此，基于激光同步随机键控有望实现

Gbit/s 量级的高速、长距且安全的经典物理层密钥分发。

1.4 本书主要研究内容

为解决激光同步随机键控密钥分发方案中同步恢复时间限制密钥分发速率的问题，本书在国家自然科学基金优秀青年科学基金项目"混沌激光理论与应用（批准号：61822509）"、国家自然科学基金重点项目"高速键控半导体激光器混沌同步实现 Gbps 物理密钥分发（批准号：62035009）"、国家自然科学基金重点项目"高速混沌保密通信收发系统密钥分发空间增强研究（批准号：61731014）"、国家自然科学基金面上项目"基于混沌公共信道特征的高速密钥安全分发探索（批准号：61671316）"、国家自然科学基金青年科学基金项目"基于无周期混沌同步动态键控的高速密钥安全分发研究（批准号：61805170）"、山西省"1331 工程"创新团队项目等资助下，提出利用开环 Fabry-Pérot（F-P）激光器共驱同步随机键控进行密钥分发的方案。在探明了宽带随机噪声信号共同驱动两个开环响应 F-P 激光器（即响应 F-P 激光器）实现激光同步的条件基础上，利用开环响应 F-P 激光器不同纵模间低相关性特征进行了输出模式随机选择和驱动信号中心波长随机切换的密钥分发研究，密钥分发速率提升至百 Mbit/s 量级。

本书各章内容安排如下：

第 1 章：概述了经典物理层密钥分发的研究意义，介绍了光纤激光器参数随机选择、物理不可克隆函数（PUF）、光纤信道互易性以及激光同步的密钥分发研究现状，指出基于激光同步技术实现高速且长距的安全密钥分发的优势以及现有方案中仍待解决的问题。

第 2 章：通过实验实现了 SLD 输出宽带随机噪声信号驱动

响应 F-P 激光器同步，研究了不同滤波线宽下，驱动信号与响应激光信号的相关性。利用 VPI Transmission Maker 软件模拟研究了响应 F-P 激光器内部参数失配对同步性的影响，实验研究了响应 F-P 激光器纵模中心波长和工作电流失配对同步性的影响以及驱动信号的各个参数及其失配对同步性的影响。

第 3 章：提出基于响应 F-P 激光器输出模式随机键控激光同步的密钥分发方案，通过对多纵模同步的响应 F-P 激光器进行单模滤波，实验验证了相同中心波长的单纵模间仍具有高质量同步，不同中心波长的单纵模间相关性很低。计算了利用单纵模激光信号作为物理熵源产生随机密钥的最大速率并分析了激光同步的稳定性。在 160km 光纤传输情况下，通过输出模式随机选择实现了激光同步的随机键控，从输出模式波长相同的区间提取一致随机密钥实现了密钥分发。此方案的同步恢复时间原理上与响应 F-P 激光器的瞬态响应无关，仅取决于通信双方随机控制码高低电平切换的响应时间（约为 1ns），可以实现密钥分发速率的提升。

第 4 章：提出基于响应 F-P 激光器驱动信号中心波长随机键控激光同步的密钥分发方案。在实验和模拟上对注入响应 F-P 激光器的驱动信号进行相同宽度、不同中心波长的滤波，验证了当滤波中心波长相同时，通信双方可以实现高质量同步，滤波中心波长不同时，双方激光信号相关性很低。同时由于不同单纵模间相关性很低，所以当滤波线宽对应多个纵模时，可以通过后续单模滤波进行随机密钥的并行产生。由于实验器件限制，利用 VPI 对此方案进行了理论模拟，开环结构响应激光器达到百 ps 左右的同步恢复时间以及随机密钥多路并行产生均可以提升密钥分发速率。

第 5 章：总结本书的主要工作结果，并对后续的研究方向进行展望。

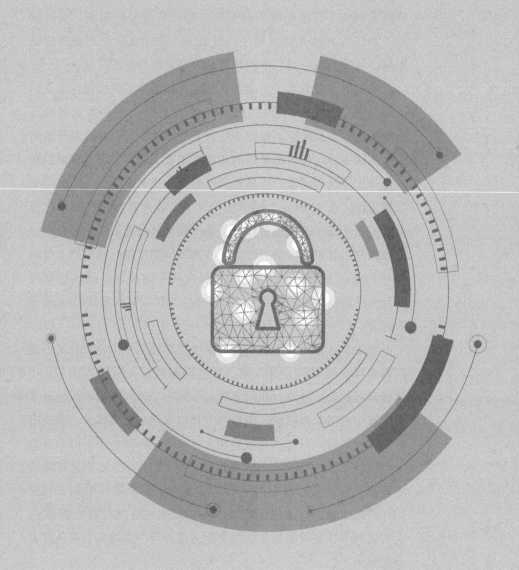

Chapter 2

第 2 章

噪声信号驱动响应F-P激光器同步

  在基于共同驱动激光同步的密钥分发方案中,公共信道中传输的共同驱动信号必须具有快速的相位振荡,以防止窃听者进行采样攻击[159,160]。超辐射发光二极管(super luminescent diode,SLD)是一种产生宽带噪声信号的极佳器件。然而,SLD共同驱动DFB半导体激光器同步的研究表明,实现高质量同步所需的噪声频率带宽仅在几千Hz以内[151],窃听者仅需要探测到有限带宽的噪声信号并将其重构出来就有可能窃取密钥。因此,响应激光器实现激光同步所需要的频率带宽越宽,窃听者完全检测驱动信号的难度越大。2018年,日本埼玉大学Tomiyama等提出利用SLD共同驱动两个参数匹配的多纵模F-P激光器实现激光同步,并研究了模式数量对同步性的影响[152]。然而,关于响应F-P激光器参数和注入参数对同步性的影响并未见详细研究。所以,为了后续进行基于响应F-P激光器激光同步随机键控的密钥分发研究,本章主要研究响应F-P激光器内部参数、中心波长以及工作电流失配、驱动信号的注入参数及其失配对响应F-P激光器同步性的影响。

2.1
实验装置

　　SLD 共同驱动开环 F-P 激光器同步的实验装置如图 2-1 所示。SLD 产生的放大自发辐射（amplified spontaneous emission，ASE）宽带噪声信号作为驱动信号，经过隔离器（isolator，ISO）单向传输到通信双方，光滤波器（optical filter，OF）对驱动信号进行滤波，掺铒光纤放大器（erbium doped fiber amplifier，EDFA）对滤波后的驱动信号进行放大以提供足够的注入强度诱导响应 F-P 激光器实现激光同步，放大后的驱动信号经过耦合比为 50∶50 的 3dB 光耦合器（optical coupler，OC）均分成两束，分别注入到两个结构一致、内部参数相近的响应 F-P 激光器（F-P_A 和 F-P_B）中，其中响应 F-P 激光器并未设置外腔反馈器件，也就是处于开环状态。两条注入光路中均设置可调衰减器（attenuator，ATT）分别调节两个响应 F-P 激光器的注入功率，偏振控制器（polarization controller，PC）分别调节两路驱动信号的偏振态使其匹配。随后，驱动信号经环形器（circulator，CIR）注入到两个响应 F-P 激光器中，产生的激光信号由环形器的另一端口输出。一部分激光信号由光谱分析仪（optical spectrum analyzer，OSA）直接探测，另一部分激光信号经 EDFA 进行放大后由光电探测器（photoelectric detector，PD）转化为电信号，由频谱分析仪（radio-frequency spectrum analyzer，RSA）以及高速实时数字示波器（oscilloscope，OSC）探测其频谱和时间序列。

　　SLD（Thorlabs，SLD1005S）和响应 F-P 激光器（Junte，GTLD-5FPBU10FA14）均为蝶形封装半导体激光器芯片。其中 SLD 由精度为 0.1mA 的电流源（Thorlabs，LSC210C）提供工作电流，由精度为 0.001kΩ 的温度控制器（Thorlabs，TED200C）

提供工作环境。响应 F-P 激光器由精度为 0.1mA 的电流源（ILX Lightwave，LDX-3412）提供工作电流，由精度为 0.1℃ 的温度控制器（ILX Lightwave，LDT-5412）提供工作环境，两者的中心波长通过温度控制器进行调节，弛豫振荡频率随工作电流变化。可调滤波器（EXFO，xtm-50）对驱动信号的滤波带宽和滤波中心波长进行调节，波长调节范围为 1525～1610nm，带宽调节范围为 50pm（6.25GHz）到 5000pm（625GHz），调节精度为 5pm。掺铒光纤放大器（Keopsys，CEFA-C；Connet，RS-232）对驱动信号和激光信号进行放大。光电探测器（Finisar，XPDV2120R）的探测带宽为 50GHz。光谱分析仪（Apex，AP2041-B）的最高波长分辨率为 0.04pm，频谱分析仪（Rohde & Schwarz，FSW50）的探测带宽为 50GHz，高速实时数字示波器（Lecory，Lab-Master10Z）的探测带宽为 36GHz，最高采样率为 80GSa/s。

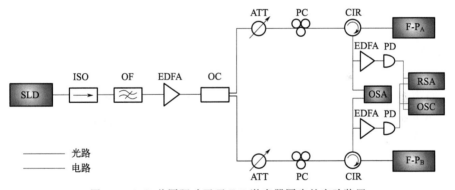

图 2-1　SLD 共同驱动开环 F-P 激光器同步的实验装置

2.2 响应 F-P 激光器同步

为实现激光同步，实验中选用生长于同一片晶圆的两个多纵模 F-P 激光器作为通信双方的响应激光器。两个响应 F-P 激光器阈值电流分别为 9.89mA 和 9.73mA，斜率效率分别为 0.248mW/mA 和 0.265mW/mA，模式间隔均为 1.36nm。通信双方分别调节两个响应 F-P 激光器的温度控制器，使其工作温度分别为 26.1℃ 和 26.9℃，两个响应 F-P 激光器自由运行输出的光谱如图 2-2(a) 所示，此时两个响应 F-P 激光器所有纵模的中心波长均匹配。另外，通过加入微弱的光反馈使响应 F-P 激光器处于激射状态，利用频谱分析仪可观测到它们的弛豫振荡峰，随后分别调节两个响应 F-P 激光器的电流源，使其工作电流分别为 11.2mA 和 11.0mA，此时两个响应 F-P 激光器的弛豫振荡频率匹配，如图 2-2(b) 所示，均为 2.64GHz。通信双方响应激光器的弛豫振荡频率匹配是实现激光同步的必要条件[151]。在上述工作条件下，两个响应 F-P 激光器自由运行输出的功率分别为 325μW 和 336μW。

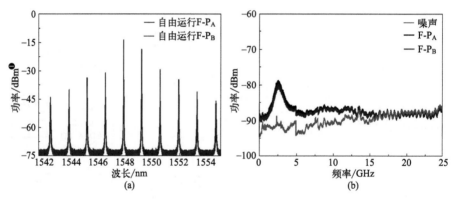

图 2-2 响应 F-P 激光器特性（见书后彩插）
(a) 光谱；(b) 弛豫振荡频率

实验所用 SLD 阈值电流为 132.42mA，其温度控制器工作在 10.000kΩ（对应工作温度为 25℃），电流源提供的工作电流为 400.0mA，此时 SLD 输出功率为 13.56mW。SLD 输出的光信号为宽带 ASE 噪声信号，其光谱如图 2-3(a) 所示，光谱范围

---

❶ dBm 为功率单位，表示以 1mW 为基准的功率分贝值。

为 1400~1650nm, 3dB 光谱宽度为 47.420nm, 中心波长为 1559.880nm。驱动信号可覆盖响应 F-P 激光器的所有模式。为了减少引入无效驱动信号,利用可调滤波器对注入响应 F-P 激光器的驱动信号进行滤波,滤波后的驱动信号光谱如图 2-3(b)黑色曲线所示,滤波线宽为 5nm,灰色曲线为自由运行 F-P_A 激光器的光谱,可见驱动信号滤波线宽覆盖响应 F-P 激光器的 4 个纵模。SLD 滤波后的输出功率降低至百 μW 量级,不能达到共驱激光同步所需的注入强度,故需要后置 EDFA 进行后续放大。

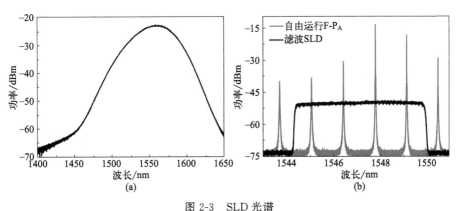

图 2-3 SLD 光谱
(a) 滤波前;(b) 滤波后

滤波放大后的 SLD 驱动信号由耦合比为 50∶50 的光耦合器均分为两路,分别注入到两个响应 F-P 激光器中,通过调节注入光路中的可调衰减器和偏振控制器分别调节注入光的注入强度和偏振态。当注入强度为 1.2 时,响应 F-P_A 激光器输出的激光信号光谱、频谱、时间序列以及幅值分布如图 2-4 所示。SLD 扰动其滤波线宽覆盖响应 F-P 激光器的 4 个纵模发生激射产生激光信号,光谱如图 2-4(a)所示,每个纵模的 3dB 线宽由自由运行时的 0.002nm 左右展宽至 0.082nm 左右。激光信号频谱如图 2-4(b)所示,频谱能量增强并且有明显展宽现象,此时频谱带宽约为 26GHz,此处频谱带宽定义为频谱中从直流起始、覆盖总能量 80% 所对应的频段宽度[161]。响应 F-P_A 激光器输出的激光信号时间序列如图 2-4(c) 所示,信号幅值随时间呈现大幅度随机振荡,幅值的峰峰值为 0.1V 左右,均值为 0V 左右。因此响应 F-P 激光器在 SLD 诱导下产生的激光信号可以作为随机密钥产生的宽带物理熵源。图 2-4(d) 所示为时间序列幅值统计分布结果,可见幅值大部分分布于 $-0.05\sim 0.05$V 之间,整体分布相对于高斯型对称分布存在一定的偏斜,但在进行随机密钥提取过程中可通过选择合适的阈值参数使产生"0"和"1"的比例接近 50%。

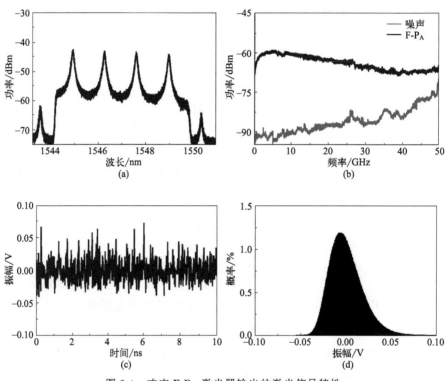

图 2-4 响应 F-P$_A$ 激光器输出的激光信号特性

(a) 光谱;(b) 频谱;(c) 时间序列;(d) 幅值分布

调节两条注入光路中的可调衰减器使两个响应 F-P 激光器的注入强度匹配,响应 F-P 激光器纵模中心波长会由于驱动信号的注入向长波长方向移动即发生红移现象。但两个响应 F-P 激光器不可避免的工艺误差会导致相同注入强度下的纵模中心波长红移量存在微小差异,所以需要通过微调两个响应 F-P 激光器的温度控制器使其纵模中心波长重新匹配,驱动信号注入后的响应 F-P 激光器纵模中心波长匹配是实现激光同步的另一个必要条件[151]。通过对两条注入光路中的偏振控制器进行微调,可使两个响应 F-P 激光器输出激光信号的光谱和频谱形状更加匹配,从而实现更高质量的激光同步。

本书运用互相关系数 C 定量地衡量激光同步质量[72],计算公式如下:

$$C=\frac{\langle[I_1(t)-\overline{I}_1][I_2(t)-\overline{I}_2]\rangle}{\sigma_1\sigma_2} \qquad (2\text{-}1)$$

式中,$I_1(t)$ 和 $I_2(t)$ 为输出激光信号的强度序列;$\overline{I}_1$ 和 $\overline{I}_2$ 分别为 $I_1(t)$ 和 $I_2(t)$ 的平均值;σ_1 和 σ_2 分别为它们的标准偏差;尖括号 $\langle\ \rangle$ 为时间 t 内取平均运算。两个时间序列的互相关系数 C 趋近于 1 时,说明两者存在高质量同步;两个序列互相关系数 C 趋近于 0 时,说明其相关性很低。

图 2-5 为 SLD 驱动响应 F-P 激光器同步的实验结果,此时注入强度为 1.2。图 2-5(a)~(c) 所示为两个响应 F-P 激光器 F-P$_A$ 和 F-P$_B$ 的光谱、频谱和归一化时间序列,均具有高度相似性。图 2-5(d) 为两个响应 F-P 激光器归一化时间序列对应的关联点图,可见,两列激光信号的归一化幅值分布于一条直线上,表明两个响应 F-P 激光器实现了 SLD 共同驱动激光同步,两个响应 F-P 激光器时间序列的互相关系数为 0.9678。

在共同驱动同步结构中,驱动信号经公共信道传输至通信双方,窃听者可以轻易窃取驱动信号并对其进行详细分析,所以驱动信号与响应激光信号相关性越低越好,窃听者可以从中获取的熵源信息也就越少。这里对不同滤波线宽的驱动信号与响应 F-P 激光器对应输出的激光信号进行了互相关系数计算,结果如图 2-6 所示。图 2-6(a) 和 (c) 分别为滤波线宽是 5nm 和 0.83nm 的驱动信号响应 F-P 激光器对应输出的激光信号光谱,图 2-6(b) 和 (d) 分别为对应的互相关系数计算结果,互相关

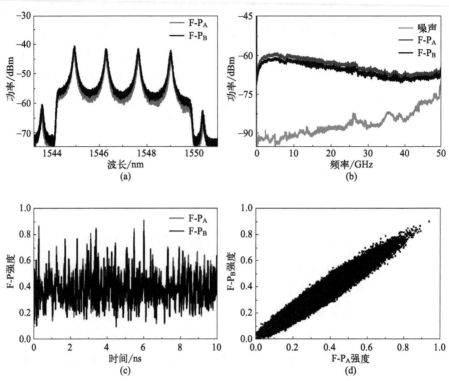

图 2-5 SLD 驱动响应 F-P 激光器同步的实验结果（见书后彩插）

（a）光谱；（b）频谱；（c）归一化时间序列；（d）关联点图

系数分别为 0.34202 和 0.38565。说明即使窄线宽滤波的 SLD 信号中包含的与熵源有关的信息也很有限，而在公共信道中传输的是全谱范围的 SLD 信号，与响应激光信号的相关性更低。

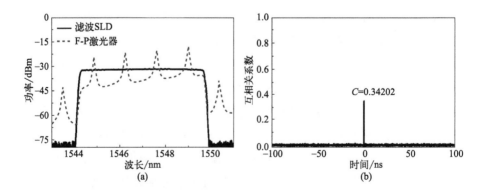

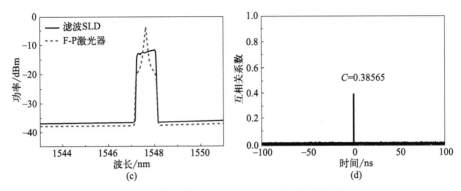

图 2-6 滤波后 SLD 与响应 F-P 激光器相关性

(a) 滤波线宽 5nm 时激光信号光谱；(b) 滤波线宽 5nm 时互相关系数；(c) 滤波线宽 0.83nm 时激光信号光谱；(d) 滤波线宽 0.83nm 时互相关系数

2.3 参数对同步性的影响

上述实验中实现了 SLD 共同驱动两个参数匹配的响应 F-P 激光器同步。激光信号的同步质量直接关乎能否用其作为物理熵源，以及从中提取的随机密钥误码率及速率。所以，本节对响应 F-P 激光器内部参数、中心波长及工作电流失配，以及注入参数及其失配对同步性的影响进行了详细研究，确定了高质量同步的参数范围。

2.3.1 响应 F-P 激光器参数失配

（1）内部参数

两个响应 F-P 激光器内部参数匹配是实现高质量激光同步的前提条件，所以，本小节利用光通信软件 VPI Transmission Maker 模拟研究了响应 F-P 激光器内部参数失配对同步质量的影响。利用软件中的器件模块搭建了图 2-1 所示实验装置对应的共驱同步系统，如图 2-7 所示。其中，驱动信号为高斯白噪声（white Gaussian noise，WGN）模块生成的 ASE 宽带噪声信号，响应 F-P 激光器纵模间隔为 0.56nm。驱动信号滤波宽度为 2.8nm，滤波范围为 1544.964～1547.764nm，覆盖响应 F-P 激光器 5 个模式。响应 F-P 激光器的工作电流为 100mA，输出功率分别为 7.23mW 和 7.31mW，数据采样率为 2560GHz。高斯白噪声模块和响应 F-P 激光器的内部参数如表 2-1 所示。

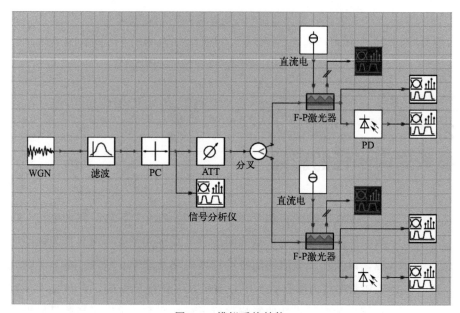

图 2-7　模拟系统结构

表 2-1　高斯白噪声模块和响应 F-P 激光器的内部参数

项目	参数	数值	单位
高斯白噪声模块	噪声中心频率	193.3865	THz
	噪声功率密度	850×10^{-15}	W/Hz
	噪声谱间隔	0.34×10^{12}	Hz
响应 F-P 激光器	有源区长度	650	μm
	有源区宽度	2.5	μm
	群折射率	3.2	—

续表

项目	参数	数值	单位
响应 F-P 激光器	内部损耗	3000	m^{-1}
	腔面反射系数	0.32	—
	有效模场面积	1.0×10^{-12}	m^2
	线性增益系数	30×10^{-21}	m^2
	非线性增益系数	1.0×10^{-23}	m^3
	非线性增益时间	0.5	ps
	透明载流子浓度	1.5×10^{24}	m^{-3}
	载流子捕获时间	70	ps
	载流子溢出时间	140	ps
	初始载流子浓度	5×10^{23}	m^{-1}
	线宽增强因子	3	—

通过固定响应 F-P$_A$ 激光器的全部参数，改变响应 F-P$_B$ 激光器某个参数的同时固定其余参数来达成单个内部参数的失配。本小节对响应 F-P 激光器 6 个内部参数进行了研究，包括线宽增强因子 α、有源区长度 L_a、腔面反射系数 R、载流子捕获时间 τ_c、线性增益系数 g_n 以及透明载流子浓度 N_0。参数失配对激光信号互相关系数的影响结果如图 2-8 所示。当两个响应 F-P 激光器内部参数失配均为 0 时，激光信号互相关系数达到最大，约为 0.998。随着内部参数失配程度逐渐增加，响应 F-P 激光器的互相关系数逐渐减小，不同参数失配对同步性的影响范围不同。把互相关系数为 0.9 对应的区间定义为参数的可容忍失配范围，则上述 6 个激光器内部参数的可容忍失配范围分别为 $-0.41\%\sim 0.50\%$、$-0.098\%\sim 0.096\%$、$-1.19\%\sim 0.85\%$、$-0.23\%\sim 0.30\%$、$-0.60\%\sim 0.35\%$、$-0.47\%\sim 0.80\%$。将各内部参数一般取值区间作为参数可失配范围，与可容忍失配范围的比值定义为此激光器的参数空间。6 个内部参数的一般取值区间分别为 $\alpha=2\sim 7$，$L_a=200\sim 1500\mu m$，$R=0.1\sim 0.9$，$\tau_c=10ps\sim 2ns$，$g_n=20\times 10^{-21}\sim 160\times 10^{-21}m^2$，$N_0=0.2\times 10^{24}\sim 4.2\times$

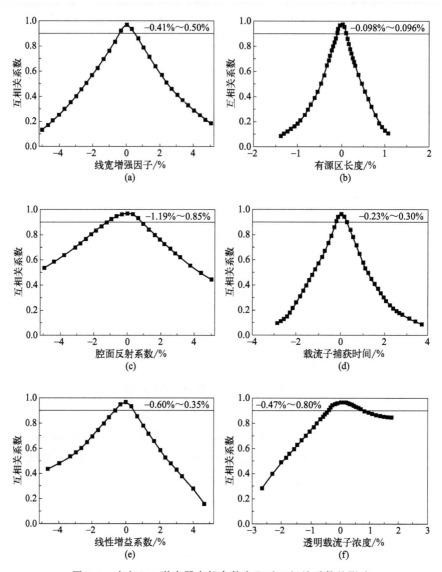

图 2-8 响应 F-P 激光器内部参数失配对互相关系数的影响

(a) 线宽增强因子；(b) 有源区长度；(c) 腔面反射系数；(d) 载流子捕获时间；
(e) 线性增益系数；(f) 透明载流子浓度

$10^{24}\,\mathrm{m}^{-3}$[162-167]，所以响应 F-P 激光器 6 个内部参数的参数空间约为 10^{16}，若考虑响应 F-P 激光器所有的内部参数，密钥空间会成倍增加。并且有研究表明，即使激光器生产自同一片晶圆，也只有少数几只的内部参数匹配度高于95%[168]。所以,窃听者很难获得与合法用户参数匹配的激光器,而参数失配的窃听激光器很难实现同步的重构。由此,从硬件方面可以保证基于激光同步密钥分发方案的安全性。

(2) 中心波长及工作电流

除了响应F-P激光器内部参数外,响应F-P激光器的工作参数对同步质量也存在影响。响应F-P激光器工作温度影响其纵模中心波长,工作电流影响其弛豫振荡频率,而两者的匹配是激光同步的必要条件,所以分别进行实验研究了响应F-P激光器纵模中心波长和工作电流失配对同步质量的影响。参数失配实现方式与上述内部参数失配方法相同。响应F-P激光器纵模中心波长失配对同步性的影响结果如图2-9(a)所示,当两个响应F-P激光器纵模中心波长失配为0时,互相关系数达到最大,激光同步质量最高,纵模中心波长的可容忍失配范围为±0.014nm。工作电流失配对同步性的影响结果如图2-9(b)所示,两个响应F-P激光器工作电流由电流源调节,将弛豫振荡频率匹配视为两个响应F-P激光器工作电流匹配,此时互相关系数达到最大,激光同步质量最高,工作电流的可容忍失配范围为−5.4%~7.1%。结果表明,激光同步对响应F-P激光器纵模中心波长较为敏感,而对工作电流的敏感性较低。

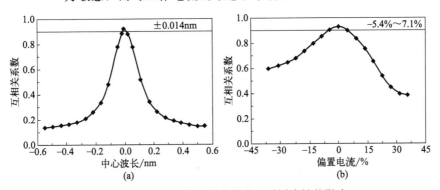

图2-9 响应F-P激光器参数失配对同步性的影响
(a) 纵模中心波长失配;(b) 工作电流失配

2.3.2　注入参数及其失配

在不同强度的驱动信号的扰动下，响应 F-P 激光器输出的激光信号特征不同，所以本小节首先研究注入强度对响应 F-P 激光器输出激光信号光谱特征的影响。为了方便计算，本小节采用 0.83nm 滤波线宽的驱动信号扰动响应 F-P 激光器，两者光谱如图 2-6(c) 所示。两个响应 F-P 激光器的注入强度同时改变，研究了随着注入强度增加，两个响应 F-P 激光器的边模抑制比、中心波长红移量以及 3dB 线宽等光谱参量的变化情况。边模抑制比定义为滤波范围内的单纵模与其相邻边模的峰值能量比，中心波长红移量以自由运行时该纵模的中心波长为基准，光谱线宽为信号能量从最高点下降 3dB 的波长范围。

随着注入强度增加，滤波范围内的纵模光谱峰值能量逐渐增强，滤波范围外的纵模光谱峰值能量逐渐降低，注入达到一定强度后，两者趋于稳定。所以，如图 2-10(a) 所示，纵模的边模抑制比随着注入强度增加呈现先逐渐增加后趋于稳定的变化趋势，最终稳定在 27dB 左右，此时响应 F-P 激光器输出信号大部分能量集中于滤波范围内的单个纵模。同时，注入强度增加还会导致响应 F-P 激光器的纵模中心波长红移，注入强度对中心波长红移量的影响结果如图 2-10(b) 所示。中心波长红移量随着注入强度增加而逐渐增加，但驱动源 SLD 与响应 F-P 激光器之间并未发生注入锁定现象（中心波长匹配），与之前 SLD 驱动 DFB 激光器同步的结论一致[151]。然而，非相干 SLD 光信号共同驱动 DFB 或响应 F-P 激光器实现激光同步的物理机理并未揭示，这也将是后续研究的重点。另外，响应 F-P 激光器受驱动信号扰动发生激射，纵模光谱逐渐展宽，光谱 3dB 线宽随注入强度的变化趋势如图 2-10(c) 所示，线宽随着注入强度增加逐渐增加后趋于稳定，当达到一定注入强度后，线宽稳定于 0.25nm 左右。此时，两个响应 F-P 激光器输出稳定且高度相似的激光信号。

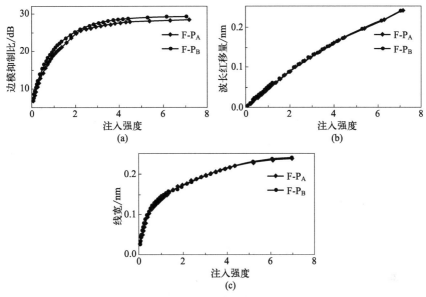

图 2-10 注入强度对响应 F-P 激光器光谱特性的影响
(a) 边模抑制比；(b) 中心波长红移量；(c) 3dB 线宽

两个响应 F-P 激光器实现高质量同步所需要的注入强度是后续研究的重要条件，并且必须同时保证驱动信号与激光信号间相关性很低。所以，本小节还研究了两个响应激光信号之间以及驱动信号与响应激光信号之间的互相关系数随注入强度增加的变化情况，结果如图 2-11 所示。随着注入强度逐渐增加，两个响应 F-P 激光器输出信号的互相关系数先逐渐增加后略微降低，最后稳定在 0.98 左右，总体趋势与 SLD 共同驱动 DFB 激光器同步结果一致[151]。驱动信号与响应激光信号间的互相关系数随注入强度的增加而逐渐增加，但总体低于 0.5，保证了驱动信号与响应激光信号的低相关性。为了同时保证响应 F-P 激光器间的高质量同步性以及驱动信号与响应激光信号间的低相关性，选择 1.2 左右的注入强度进行后续实验研究。

响应 F-P_A 激光器的注入强度保持在 1.2 不变，改变响应 F-P_B 激光器的注入强度，研究了两个响应 F-P 激光器注入强度失配对同步性的影响，结果如图 2-12 所示。当两个响应 F-P 激光器注入

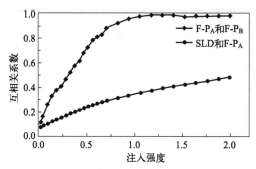

图 2-11　注入强度对响应 F-P 激光器以及驱动信号与响应激光信号互相关系数的影响

强度失配为 0 时，两个激光信号的互相关系数达到最大，此时同步质量最高。随着注入强度负失配量逐渐增加，互相关系数迅速降低至 0.5 左右，随着注入强度正失配量逐渐增加，激光信号的互相关系数缓慢降低，两个响应 F-P 激光器注入强度的可容忍失配范围为 $-31\%\sim 45.3\%$。所以，两个响应 F-P 激光器的同步性对注入强度失配具有一定的鲁棒性，通信双方在较大的注入强度失配范围内可以保持互相关系数高于 0.9 的高质量同步，使得实验过程不会受外界环境变化导致的注入强度发生波动的影响而中断。

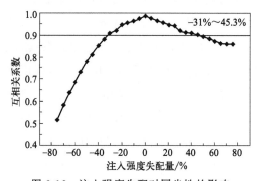

图 2-12　注入强度失配对同步性的影响

SLD 输出的驱动信号经滤波后注入响应 F-P 激光器中，所以，滤波参数对响应 F-P 激光器同步性也存在影响。首先，研究了驱动信号滤波线宽变化对响应 F-P 激光器同步性的影响，其中滤波线宽始终对应响应 F-P 激光器 1 个模式。驱动信号滤波线宽变化会导致响应 F-P 激光器注入功率变化，所以为了研究滤波线宽变化,分为注入功率不变和注入功率随之变化两种情况进行分析,结果如图 2-13 所示。注入功率不随滤波线宽变化对同步性的影响如图 2-13(a) 所示,响应 F-P 激光器的同步性随滤波线宽变化幅度较小,SLD 驱动信号与响应激光信号的互相关系数随滤波线宽增加逐渐减小。注入功率随滤波线宽增加而增强对同步性的影响如图 2-13(b) 所示,响应 F-P 激光器的互相关系数随滤波线宽增加先缓慢增加后维持稳定,此结果与单模 DFB 结果相吻合[151]。而驱动信号与响应激光信号的互相关系数随滤波线宽增加而逐渐降低,由于驱动信号仅有较窄的光谱区间对响应 F-P 激光器同步性有影响,滤波线宽逐渐增加,无效的光谱分量增加,驱动信号与响应信号的互相关系数降低。所以,为了保证响应 F-P 激光器的高质量同步性以及驱动信号与响应激光信号的低相关性,需要较宽的滤波线宽和足够的注入强度。

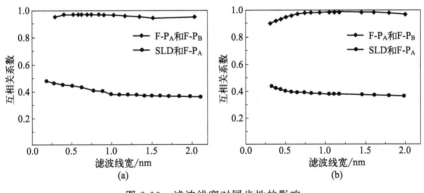

图 2-13　滤波线宽对同步性的影响
(a) 注入功率不变;(b) 注入功率变化

通过固定响应 F-P_A 激光器驱动信号的滤波线宽 0.83nm,改变响应 F-P_B 激光器驱动信号的滤波线宽进行滤波线宽失配对同步性影响的研究,实验结果如图 2-14 所示。滤波线宽变化,注入功率保持不变的结果如图 2-14(a) 所示,当滤波线宽失配为 0 时,响应 F-P 激光器互相关系数达到最高。随着滤波线宽负失配量逐渐增加,两个响应 F-P 激光器互相关系数快速降低至 0.4 以下,随着滤波线宽正失配量逐渐增加,两个响应 F-P 激光器的互相关系数缓慢降低,滤波线宽的可容忍失配范围为 $-0.297\%\sim0.833\%$。滤波线宽变化,注入功率随之变化的结果如图 2-14(b)所示,同样当滤波线宽失配为 0 时,两个响应 F-P 激光器互相关系数达到最高。随着失配量逐渐增加,互相关系数逐渐降低,与图(a)不同的是,在失配量为 $\pm0.5\%$ 范围内,互相关系数下降且大体呈对称趋势。随着正失配量继续增加,互相关系数继续降低至 0.4 左右。此种情况下,滤波线宽的可容忍失配范围为 $-0.233\%\sim0.298\%$。所以,通信双方同步质量对驱动信号的滤波线宽失配有很高的敏感性。

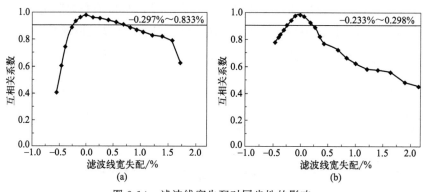

图 2-14 滤波线宽失配对同步性的影响
(a) 注入功率不变;(b) 注入功率变化

除滤波线宽失配外,驱动信号的滤波中心波长失配对响应 F-P 激光器同步性的影响如图 2-15 所示。两个响应 F-P 激光器的驱动信号滤波中心波长匹配时(滤波中心波长失配为 0 时),互相关系数达到最高。随着负失配量逐渐增加,互相关系数先缓慢降低后快速下降至 0.2 以下,随着正失配量逐渐增加,互相关系数快速降低。滤波中心波长的可容忍失配范围为 $-0.276\sim0.088$nm。互相关系数变化呈非对称下降趋势,原因可能在于驱动信号注入响应 F-P 激光器会使其中心波长发生红移,滤波中心波长负失配的驱动信号注入到响应 F-P_B 激光器使其中心波长向响应 F-P_A 激光器靠近,两者的光谱仍存在重叠部分,所以存在一定的同步性。而滤波中心波长正失配的驱动信号使响应 F-P$_B$ 激光器的中心波长远离响应 F-P$_A$ 激光器，所以滤波中心波长正失配使两个响应 F-P 激光器同步性快速降低。

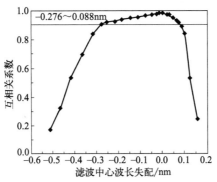

图 2-15　滤波中心波长失配对同步性的影响

2.4 本章小结

本章首先通过实验实现了 SLD 共同驱动两个参数相近的响应 F-P 激光器同步，同步系数达到 0.9678，并验证了驱动信号与响应激光信号的低相关性，说明窃听者从公共信道中获取的与物理熵源有关的信息有限。利用光通信软件 VPI Transmission Maker 构建了共驱同步系统，证明了响应 F-P 激光器同步性对激光器内部参数失配的敏感性，窃听者很难获取与合法用户参数匹配的激光器来重构同步，从硬件方面保证了熵源的安全性。另外，还通过实验研究了响应 F-P 激光器中心波长和工作电流失配对同步性的影响；注入强度对激光信号边模抑制比、中心波长红移量以及 3dB 线宽的影响；注入强度及其失配、滤波线宽及其失配以及滤波中心波长失配对同步性的影响。当且仅当两个响应 F-P 激光器的各个参数均匹配时，才可实现互相关系数最高的激光同步。本章内容为实现基于响应 F-P 激光器同步的密钥分发提供了参数值参考。

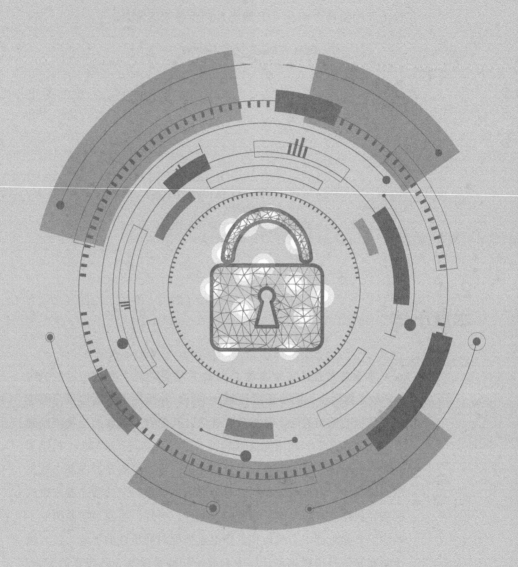

Chapter 3

第 3 章

基于响应 F-P 激光器
输出模式随机键控的
密钥分发

3.1 引言

  2012 年，日本埼玉大学 Yoshimura 等首次提出在基于激光同步的密钥分发方案中引入同步的随机键控来提高方案安全性的方法[71]。键控参数为响应激光器反馈光路中的相位，当反馈相位相同时，响应激光器输出同步的激光信号，反之，则两者相关性很低。所以，可通过筛选同步区间激光信号产生的一致随机序列作为共享密钥。但在此类方案中，不同步状态向同步状态切换需要很长的同步恢复时间，同步恢复过程中的激光信号无法用于随机密钥提取，因此同步恢复时间过长会限制键控速率，并且造成激光信号的利用效率低，从而限制密钥的分发速率。在反馈相位随机键控的密钥分发实验中，同步恢复时间达 68ns，将密钥分发速率限制在 182kbit/s，远远低于现代保密通信 Gbit/s 量级的速率[73]。所以，如何缩短同步恢复时间是提高此类密钥分发速率的关键问题。

  研究表明，开环结构响应激光器的同步恢复时间比闭环结构短[82]，所以，有研究学者探索基于开环响应激光器同步随机键控的密钥分发[84-86]，结果证明其同步恢复时间在百 ps 量级，密钥分发速率也因此大大提升。在详细研究了 SLD 共同驱动响应 F-P 激光器高质量同步的参数范围基础上，本章提出基于开环响应 F-P 激光器输出模式随机键控的密钥分发方案，通过 SLD 共同驱动开环多纵模响应 F-P 激光器实现激光同步，基于相同中心波长纵模可同步，而不同中心波长纵模间相关性低的特性，通信双方独立随机地选择不同中心波长的单纵模作为输出，实现两个响应 F-P 激光器同步的随机键控，随后筛选同步区间内激光信号提取的一致随机序列作为共享密钥，从而实现密钥分发。此方案中，响应 F-P 激光器的输出状态并未发生变化，同步恢复时间仅取决于通信双方所用随机控制码在高低电平之间切换所需要的响应时间，因此有望提升密钥分发速率。

3.2 密钥分发原理

3.2.1 高速一致密钥产生原理

基于响应 F-P 激光器输出模式随机键控的密钥分发原理如图 3-1 所示。一对参数匹配的开环多纵模响应 F-P 激光器（F-P$_A$ 和 F-P$_B$）作为合法用户 Alice 和 Bob 的随机物理熵源，由第三方共同驱动源输出的宽带随机信号同时扰动，使其实现多纵模激光同步。通信双方同时对各自响应 F-P 激光器输出的多纵模激光信号进行单模滤波，输出中心波长分别为 λ_0 和 λ_1 的单纵模激光信号。通信双方利用各自的二进制随机控制码 C_A 和 C_B 对两个单纵模信号（λ_0 和 λ_1）进行独立随机地选择输出：当 C_A（C_B）为"0"时，响应 F-P 激光器输出波长为 λ_0 的单纵模，当 C_A（C_B）为"1"时，响应 F-P 激光器输出波长为 λ_1 的单纵模，此过程称为响应 F-P 激光器单纵模的动态滤波。由此，通信双方分别获得了输出模式随机键控的激光信号时间序列：只有当 $C_A=C_B=0$ 或 $C_A=C_B=1$ 时，通信双方响应 F-P 激光器输出的单纵模中心波长相同（$\lambda_0\lambda_0$ 或 $\lambda_1\lambda_1$）（图 3-1 中所标示的红色控制码和对应的纵模中心波长），在此区间内的激光信号是同步的；当 $C_A\neq C_B$ 时，通信双方输出单纵模中心波长不同（$\lambda_0\lambda_1$ 或 $\lambda_1\lambda_0$）（图 3-1 中所标示的黑色控制码和对应的纵模中心波长），此区间内的激光信号相关性很低。随后，通信双方对输出模式随机键控的激光信号时间序列进行特定频率的采样后再进行量化，独立生成各自的原始随机密钥序列 X_A 和 X_B，从相同随机控制码区间对应的同步激光序列中提取的随机密钥在原理上是一致的（图 3-1 中所标示的红色随机密钥）。最后，通信双方通过公共信道交换并对比双方的控制码 C_A 和 C_B，筛选出与相同随机控制码（$C_A = C_B$）对应的一致随机密钥（101）作为通信双方最终共享的安全随机密钥。原则上，响应 F-P 激光器的所有纵模都可以用于输出模式随机键控，本章的实验中仅对两个单纵模的情况进行了验证。

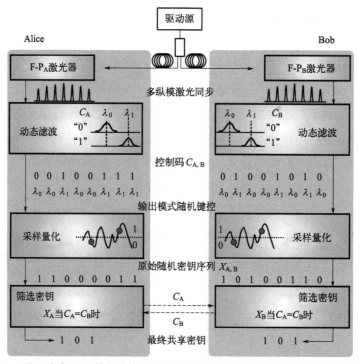

图 3-1　基于响应 F-P 激光器输出模式随机键控的密钥分发原理（见书后彩插）

3.2.2　信息论安全原理

除了计算安全[2]，密钥的安全性还有信息论安全[159,160]。基于信息论安全的密钥分发原理是通信双方从由概率模型描述的公共随机性中提取高度相关的随机密钥序列。随机密钥的获取是一种密钥协议过程[92,169]，在密钥协议中，Alice 和 Bob 通过公共信道交换与随机密钥序列相关的其他部分信息，从而获取一致的随机密钥序列。即使窃听者可以从公共信道中获取通信双方交换的信息，也无法准确获取已分发的随机密钥序列。信息论安全的安全性与窃听者的计算能力无关，即使窃听者计算能力无限强大，信息论安全也能保证信息或密钥的安全性。因此，信息论安全在保证安全性方面比计算安全更强大，因为密钥一旦共享给通信双方，该密钥就是永久安全的。

基于共同驱动激光同步的密钥分发方案中，通信双方 Alice 和 Bob 以及窃听者均拥有互相存在一定相关性的随机序列。Alice 和 Bob 的随机序列为双方响应半导体激光器在共同信号扰动下输出的随机激光信号，而窃听者的随机序列为从公共信道中获取的驱动信号或者由驱动信号扰动窃听激光器产生的激光信号。当通信双方激光信号相关性很高也就是实现了高质量同步，即可以将其作为物理熵源，从中提取一致的随机密钥实现密钥分发，而此时窃听者可以获取的随机信号与 Alice 和 Bob 的激光信号相关性很低，也就是窃听者可以探测到的与物理熵源有关的信息量非常有限，这样可以保证共享随机密钥的安全性，此类安全性称为有界可观测的信息论安全[160]。

基于共同驱动激光同步随机键控的密钥分发方案的安全性来源于 3 个方面：

① 通信双方响应激光器受共同驱动源输出的宽带随机驱动信号扰动实现激光同步。虽然窃听者可以从公共信道中获取驱动信号，但由于驱动信号与响应激光信号之间的相关性很低，窃听者可以从中获取到的与最终共享密钥有关的信息极为有限。

② 只有当两个响应半导体激光器的结构一致且内部参数达到一定匹配度时，通信双方才能实现高质量激光同步，这就要求响应激光器芯片是从同一片晶圆上生长并经过精心挑选的[168]，所以窃听者很难获得与合法用户响应激光器参数匹配度较高的窃

听激光器。而参数失配的窃听激光器即使受相同驱动信号扰动，所产生的激光信号与合法用户相关性也很低，从中提取的随机序列与最终共享密钥的误码率很高。

③ 通信双方通过系统参数的随机切换实现激光同步的随机键控，迫使窃听者必须同时仿制所有参数情况下的窃听激光器对合法用户进行采样攻击[170]。当键控参数个数为 N，每个参数在两个状态间进行切换时，窃听者最多需要构建 2^N 套激光系统，当其中一个状态与合法用户一致时才可能窃取共享随机密钥。所以，若响应激光器可键控参数的个数足够多时，窃听者的窃听难度呈指数增加，进一步增大了共享密钥的破解难度。

综合上述 3 个方面，基于激光同步随机键控的密钥分发方案可以满足有界可观测的信息论安全。

3.3 实验装置

基于上述方案原理，搭建了基于响应 F-P 激光器输出模式随机键控的密钥分发实验系统，实验装置如图 3-2 所示。首先，驱动源超辐射发光二极管（superluminescent diode，SLD）输出的宽带随机放大自发辐射（amplified spontaneous emission，ASE）噪声信号经过滤波器放大后由耦合比为 50∶50 的 3dB 光耦合器均分成两束，分别经过 80km 色散补偿后的光纤进行传输，单向注入到通信双方 Alice 和 Bob 的响应 F-P 激光器（F-P_A 和 F-P_B）中，光纤由 66km 标准单模光纤和 14km 色散补偿光纤组成。通信双方采用对称的系统进行共享随机密钥的产生，这里仅介绍 Alice 方的装置，经长距离传输后的驱动信号由掺铒光纤放大器（erbium doped fiber amplifier，EDFA）进行放大以提供足够的注入功率，可调衰减器调节响应 F-P 激光器的注入强度，偏振控制器调节驱动信号的偏振态，驱动信号由环形器注入到响应 F-P 激光器中。响应 F-P 激光器受驱动信号扰动产生的多纵模激光信号由环形器的另一端口输出，随后由 EDFA 放大后输入波分复用器（wavelength division multiplexer，WDM）进行滤波并分束，滤出中心波长分别为 λ_0 和 λ_1 的单纵模，每个单纵模的输出光路上均设置电光调制器（electro-optical modulator，EOM），利用二进制随机序列 C_A 及其反相（逻辑非）序列 $\overline{C}_A$ 对两个 EOM 进行开关控制，实现两个单纵模的随机选择输出，此过程对应图 3-1 中的动态滤波。两个单纵模光路由光耦合器耦合后，由光电探测器转化为电信号，由高速实时数字示波器对其时间序列进行采集。通信双方分别对各自随机键控后的激光序列进行相同频率采样，随后用双阈值量化方法[72]进行量化并生成原始随机序列，通过对比双方随机控制码序列并筛选相同控制码对应的激光序列区间内提取的随机密钥作为最终共享密钥，由此完成密钥分发。

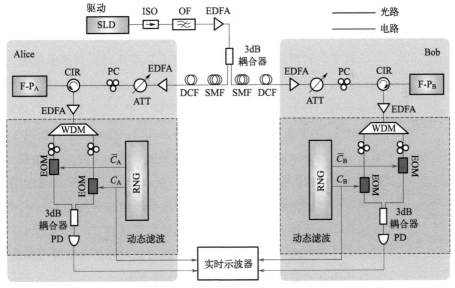

图 3-2 基于响应 F-P 激光器输出模式随机键控的密钥分发实验装置（见书后彩插）

实验中所用 SLD、响应 F-P 激光器及两者的配套供电设备、激光信号探测设备等的型号及参数与第 2 章相同。用来进行单纵模滤波分束的 WDM 是根据响应 F-P 激光器纵模中心波长定制的，两条光路的滤波中心波长分别为 $\lambda_0=1546.408$nm 和 $\lambda_1=1547.768$nm，滤波线宽为 0.7nm。对单纵模输出进行开关键控的 EOM（iXblue Photonics，MX-LN-40）带宽为 28GHz，最高调制速率为 40GHz，半波电压为 5.8V，对其进行控制的随机二进制序列由自制的随机数发生器（random number generation，RNG）芯片生成，速率为 200Mbit/s，输出电信号的低电平为 0V，高电平为 2V，高低电平的切换响应时间约为 1ns。

3.4 实验结果

3.4.1 单纵模同步特性

首先，利用 SLD 共同驱动响应 F-P 激光器实现多纵模激光同步，通信双方分别利用 WDM 从多纵模激光信号中滤波出中心波长分别为 λ_0 和 λ_1 的单纵模。响应 F-P_A 激光器输出的中心波长为 λ_0 的单纵模信号光谱、频谱以及归一化时间序列如图 3-3 所示。如图 3-3(a) 所示，3dB 光谱线宽约为 0.082nm，边模抑制比达到 65dB 左右。如图 3-3(b) 所示，由于窄带滤波作用，单纵模的频谱低频成分能量相较于多纵模频谱[图 2-4(b)]有所抬高，弛豫振荡峰消失，80% 能量带宽达到 21.5GHz。归一化时间序列如图 3-3(c) 所示，信号幅度随时间呈大幅随机振荡，可以作为高速随机密钥产生的宽带物理熵源。

在本方案中，通信双方利用单纵模激光信号产生随机密钥，为了估计随机密钥产生的最大速率，对单纵模激光信号的熵率进行了计算。实验中利用采样率为 80GSa/s 的高速实时数字示波

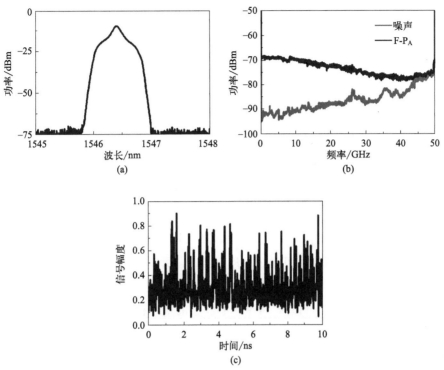

图 3-3 响应 F-P_A 激光器输出的中心波长为 λ_0 的单纵模信号特性

(a) 光谱；(b) 频谱；(c) 归一化时间序列

器对上述单纵模信号时间序列进行采集，随后对时间序列进行不同采样率的离线降采样处理，并对生成的序列进行中值量化，即将每个采样点的电压值与采样点序列的电压中值进行比较，电压高于中值的采样点量化为"1"，低于中值则量化为"0"，生成二进制随机序列。利用随机数行业标准统计测试套件 NIST SP 800-22[171] 对产生的随机序列进行随机性测试，成功通过测试的最大降采样速率即为单纵模激光信号的熵率[23,24]。

NIST 测试包含 15 个子测试项目，在显著水平 α 大于 0.01 的基础上，对 1000 组 1Mbit 的随机序列数据样本进行测试，当检测项目的 P 值均大于 0.0001，且通过比例在 0.99±0.0094392 的置信区间内时，认为该测试项目成功通过。仅当全部 15 个测试项目均成功通过时，认为所产生的随机序列满足随机数标准。

实时数字示波器采样率为 80GSa/s，所以降采样率最大为 80GSa/s，随后采用间隔采样点逐次增加一个的方式对单纵模时间序列进行抽取，故降采样速率为图 3-4 上坐标所示，对应的采样周期为下坐标所示。对降采样处理后产生的采样点序列进行中值量化处理，并对产生的随机序列进行延迟时间为 1.2ns 的自延迟异或运算后进行 NIST 测试。图 3-4 所示为不同降采样速率下产生的随机序列的 NIST 测试结果。每次测试执行 5 次，黑点表示通过 NIST 测试项目个数的中位数，误差棒为通过测试项目个数的最大值和最小值。当中位数等于 15 时，认为随机序列通过了 NIST 测试。结果表明，降采样速率小于等于 16Gbit/s 时产生的随机序列可通过 NIST 测试，所以响应 F-P 激光器单纵模激光信号的熵率为 16Gbit/s，即此方案的最大密钥生成速率为 16Gbit/s。另外，两个中心波长的单纵模激光信号带宽相同，熵率也相同。

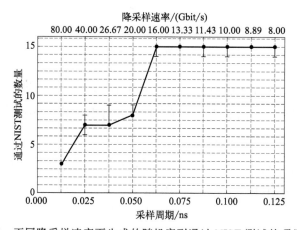

图 3-4　不同降采样速率下生成的随机序列通过 NIST 测试的项目个数

接下来，对通信双方 WDM 输出的两个不同中心波长的单纵模之间的相关性进行研究，实验结果如图 3-5 所示。图 3-5(a)～(c) 为响应 F-P_A 激光器和响应 F-P_B 激光器输出单纵模的中心波长均为 λ_0 时的光谱、时间序列和对应的关联点图。由图 3-5

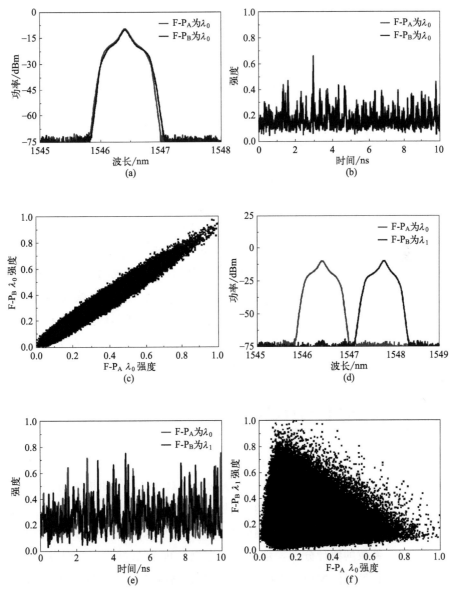

图 3-5 两个响应 F-P 激光器输出单纵模信号的同步特性（见书后彩插）

(a)~(c) 响应 F-P$_A$ 激光器和响应 F-P$_B$ 激光器输出模式中心波长均为 λ_0 时的光谱、时间序列和关联点图；(d)~(f) 响应 F-P$_A$ 激光器输出模式波长为 λ_0，响应 F-P$_B$ 激光器输出模式波长为 λ_1 时的光谱、时间序列和关联点图

(a) 和 (b) 可见，两个响应 F-P 激光器输出的单纵模光谱基本一致，且时间序列具有高度相似性，图 3-5(c) 中两个单纵模信号的归一化幅值呈线性分布，也说明了两个响应 F-P 激光器有很高的同步性，经计算，此时两个单纵模时间序列的互相关系数达 0.9726，这个数值比第 2 章响应 F-P 激光器 4 个模式的互相关系数略高，原因是单模滤波时驱动信号传输过程中或者响应 F-P 激光器放大过程中引入的噪声消除了。

图 3-5(d)~(f) 为响应 F-P$_A$ 激光器输出单纵模的中心波长为 λ_0，响应 F-P$_B$ 激光器输出单纵模的中心波长为 λ_1 时的光谱、时间序列以及对应的关联点图。图 3-5(d) 中两个单纵模信号光谱无重叠部分，图 3-5(e) 中时间序列无明显相似性，图 3-5(f) 中归一化幅值呈分散分布，图 3-5(e) 和 (f) 均表明两个响应 F-P 激光器输出单纵模的中心波长不同时不能实现同步，此时两个单纵模激光序列的互相关系数仅为 0.1032。不同纵模间的低相关性主要是因为驱动信号注入两个单纵模的部分是独立不相关的噪声成分，即使模式间存在交叉增益调制效应，其相关性也仍保持在很低的水平。

3.4.2 同步的鲁棒性和稳定性分析

激光信号同步的短时鲁棒性关系着产生随机密钥的误码率，而同步的长时间稳定性影响着通信双方分发的随机密钥长度，所以激光同步的短时鲁棒性和长时间稳定性均需要详细分析。图 3-6(a) 为同步的响应 F-P 激光器单纵模激光信号短时互相关系数的统计分布，信号时间序列长度为 5000ns，短时互相关的计算时间窗口为 1ns。结果表明，响应 F-P 激光器时间序列的短时互相关系数主要分布在 0.97 附近，与长时间互相关系数 0.9726 相符，互相关系数大于 0.90 的占比为 99.994%，表明通信双方的单纵模激光信号同步有很高的短时鲁棒性，也就是说，即使利用更高的采样率对双方激光信号进行采样也可以获得误码率很低的共享随机密钥。

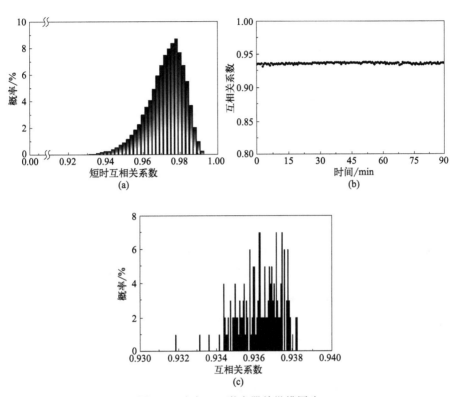

图 3-6 响应 F-P 激光器单纵模同步
(a) 短时鲁棒性；(b) 长时间稳定性；(c) 长时间互相关系数的统计分布

通信双方若要分发足够数据量的共享随机密钥，需要保证两个响应 F-P 激光器高质量同步的长时间稳定性。为了实现长距离的高速密钥分发，通信双方分别在各自驱动光路中构建了 80km 色散补偿后的光纤，通过调节各参数匹配，实现了互相关系数为 0.9363 的长距离激光同步。实验中，以 30s 为间隔记录了 90min 内两个响应 F-P 激光器输出的时间序列，计算了两者互相关系数随时间的变化情况并进行了统计分析，结果如图 3-6(b) 和 (c) 所示。由图 3-6(b) 可以看出，响应 F-P 激光器互相关系数在 90min 内保持在 0.93 附近，经统计，其平均值为 0.9363，标准偏差为 0.0009。图 3-6(c) 的统计结果显示，通信双方激光信号的互相关系数主要分布在 0.934 到 0.938 之间。上述两个结果均证明了长距离激光同步的长时间稳定性。上述短时鲁棒性和长时间稳定性主要来源于通信双方所用的响应 F-P 激光器为开环结构，其不存在对环境变化很敏感的反馈外腔。

3.4.3 模式键控同步及同步恢复时间

第 3.4.1 小节背靠背实验验证了通信双方可以随机选择不同单纵模激光信号作为输出实现同步的随机键控。所以，在实现响应 F-P 激光器长距离激光同步的基础上，通信双方独立随机地对各自 WDM 滤波产生的两个单纵模激光信号进行选择输出。实验中，通信双方 WDM 的两条滤波光路中均设置电光调制器（EOM），分别由二进制不归零编码（non-return-to-zero，NRZ）随机信号及与其对应的反相（逻辑非）信号控制，对两个单纵模激光信号的输出进行开关键控。实验所用的二进制 NRZ 随机信号发生器为本课题组基于布尔混沌[172]构建的物理随机数发生器芯片，产生随机数的最大速率为 200Mbit/s，速率以及随机序列的逻辑非运算均可用现场可编程门阵列（field-programmable gate array，FPGA）的编程软件 Quartus 进行编辑。当二进制随机控制码为"0"时，通信双方响应 F-P 激光器输出中心波长为 λ_0 的单纵模激光信号，当随机控制码为"1"时，通信双方响应 F-P 激光器输出中心波长为 λ_1 的单纵模激光信号。两路单纵模信号经 3dB 光耦合器随机地先后输出，生成模式随机键控的激光信号。

图 3-7 为输出模式随机键控激光同步的实验结果。图中的第一行、第二行灰色曲线分别为通信双方 Alice 和 Bob 调制 λ_0 单纵模激光信号的二进制 NRZ 随机控制码序列，对应调制 λ_1 单纵模信号的随机控制码为该二进制随机码的逻辑非序列，此处未给出详细波形。红色和蓝色曲线分别为 Alice 和 Bob 方输出的与各自随机控制序列对应的输出模式键控激光信号时间序列，第三行

绿色曲线为 Alice 和 Bob 激光信号时间序列的短时互相关结果，短时互相关计算时间窗口长度为 1ns。由图 3-7 所示结果可以看出，当 Alice 和 Bob 的随机控制码相同（00 或 11）时，通信双方输出单纵模激光信号时间序列的短时互相关系数在 0.93 左右；当随机控制码不同（01 或 10）时，短时互相关系数在 0.25 左右。由此，通信双方实现了激光同步的随机键控。

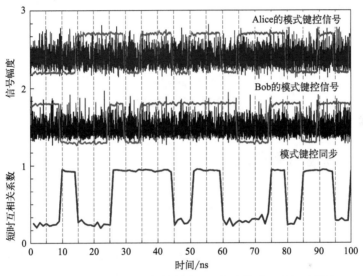

图 3-7 输出模式随机键控激光同步的实验结果（见书后彩插）

对图 3-7 中通信双方激光信号从不同步到同步的瞬态切换部分进行放大得到图 3-8 所示结果。同步恢复时间的定量计算方法为双方随机控制信号由不同到相同切换的瞬间到短时互相关系数达到 0.90 的时间长度。图 3-8 结果显示此方案的同步恢复时间约为 1ns。在此方案中，两个响应 F-P 激光器的多纵模激光状态和多纵模激光同步性并未改变，同步恢复时间来源于双方随机控制码在高低电平之间切换的响应时间，而并非响应 F-P 激光器状态改变的瞬态响应时间。相对于光反馈相位随机键控方案，此同步恢复时间已大大缩短。由此，利用此方案可以有效地提高密钥分发的速率。

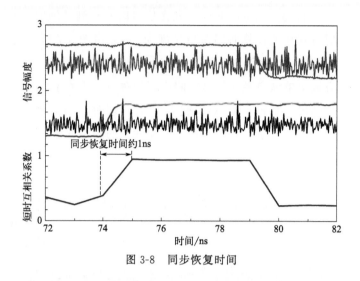

图 3-8 同步恢复时间

3.4.4 高速密钥分发

通信双方使用高速实时数字示波器对输出模式随机键控后的激光信号进行采集，对采集到的激光信号时间序列进行一定频率的降采样处理，对生成的采样点序列进行量化产生原始随机密钥序列。通信双方交换并对比随机控制码序列，筛选相同控制码对应的激光信号区间内产生的随机密钥序列作为最终共享密钥，完成密钥分发。

在实验过程中，环境噪声或实验器件如 EDFA 引入的噪声会在通信双方产生的随机密钥中引入一定的误码率。为了消除此类误码率，2013 年，日本埼玉大学 Koizumi 等提出一种鲁棒的量化方法——双阈值量化法[72]。顾名思义，该量化方法设置两个阈值参量对激光信号采样点进行量化，阈值参量为与激光信号强度的均值和标准偏差有关的函数方程式，公式如下：

$$V_u = m + C_+ \sigma \tag{3-1}$$

$$V_l = m - C_- \sigma \tag{3-2}$$

式中，V_u 和 V_l 分别为上下阈值电压；m 和 σ 分别为激光时间序列强度的均值和标准偏差；C_+ 和 C_- 分别为决定阈值电压值的阈值参数。

将采样生成的激光信号采样点电压值与上下阈值进行对比，当采样点电压大于上阈值 V_u 时，该采样点被量化为"1"码，当采样点电压小于下阈值 V_l 时，该采样点被量化为"0"码，当采样点电压处于上下阈值之间，则将该采样点舍弃。

可以降低随机密钥误码率的双阈值量化法原理如图3-9所示，黑色散点为两个响应F-P激光器输出的同步激光信号强度的关联点，灰色区域1的右边界和左边界以及灰色区域2的上边界和下边界分别为通信双方设置的上下阈值。根据双阈值量化原理，图3-9中右上角和左下角白色区域内的采样点被分别量化为相同的二进制码（11和00），通信双方产生的随机密钥一致；右下角和左上角的白色区域内的采样点被量化为不同的二进制码（10和01），造成通信双方随机密钥的误码。灰色区域内的采样点电压在上下阈值之间，此区域内的采样点被全部舍弃。当灰色区域足够大，右下角和左上角白色区域内的采样点被全部舍弃，

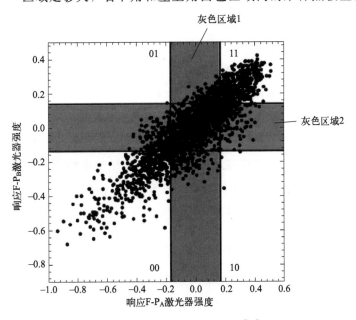

图3-9 双阈值量化方法原理[72]

仅保留右上角和左下角白色区域内的采样点，对应产生的随机密钥一致，由此，原理上可以实现生成随机密钥误码率为零。

为了保证生成随机密钥的安全性，在已报道的密钥分发方案中，通信双方采取与随机键控速率相同的降采样率对键控后的激光信号进行采样，即每个键控周期内仅抽取一个采样点进行量化[71-73]。所以，本方案首先利用与随机键控速率一致的降采样速率（即200Mbit/s）对输出模式随机键控的激光序列进行降采样处理，对生成的采样点序列进行双阈值量化，随后筛选出相同控制码对应的激光信号区间内产生的随机密钥，最后计算通信双方产生密钥序列的误码率和速率。由上述双阈值量化方法的原理可知，随着阈值参数 C_+ 和 C_- 逐渐增加，图3-9中的灰色区域面积逐渐增加，舍弃的采样点增多，通信双方产生的随机密钥误码率越低，但产生随机密钥序列长度越短，即密钥分发速率越低。所以，利用双阈值量化方法产生的随机密钥误码率与速率成反比，需要选择一定的误码率标准衡量密钥分发速率。

通信双方产生的最终共享密钥需满足真随机标准，其中随机密钥中的"0"码和"1"码的比例须为 1：1[12]。Alice降采样后的时间序列经过双阈值量化与控制码筛选后产生的随机密钥中"1"码的所占比例随阈值参数的变化情况如图3-10所示。横纵坐标分别为阈值参数 C_+ 和 C_-，图中颜色变化为随机密钥中"1"码的所占比例。由结果可以看出，随着阈值参数 C_- 逐渐增加，"1"码的所占比例逐渐增大，随着阈值参数 C_+ 逐渐增加，"1"码所占比例逐渐减小。图3-10中的虚线表示通信双方产生的随机密钥中"1"码所占比例在 0.5 ± 0.003 范围内。

通信双方随机密钥产生速率计算公式为

$$\text{Rate}=\frac{N_k}{N_s}=f_{ds}\frac{N_k}{N_{ds}}=f_{ds}r_q r_m \tag{3-3}$$

式中，N_k 为最终共享密钥的个数；N_s 为通信双方高速实时数字示波器采集的模式随机键控激光序列的总采样点个数；f_{ds} 为降采样速率；N_{ds} 为降采样处理生成的采样点个数；

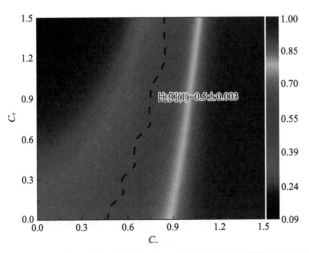

图 3-10 Alice 方产生随机密钥中 "1" 码所占比例随阈值参数的变化

N_k/N_{ds} 为密钥生成率；r_m 为通信双方对降采样序列进行双阈值量化后相同控制码所占比例；r_q 为双阈值保留率，即最终保留的随机密钥个数与相同控制码区间内的采样点总个数的比值。

通信双方产生随机密钥的误码率（bit error ratio，BER）和速率随着图 3-10 中分布在虚线上的上阈值参数变化情况如图 3-11 所示。随着上阈值参数的逐渐增大，通信双方产生随机密钥的误码率和速率均呈下降趋势。选取 7% 覆盖率的硬判决前向错误纠正（hard-decision forward error correction，HD-FEC）门限（即 $3.8×10^{-3}$）作为随机密钥产生速率的取值标准[173]。当上阈值参数 C_+ 为 0.2，对应下阈值参数 C_- 为 0.568 时，通信双方产生的随机密钥误码率为 $3.8×10^{-3}$，图 3-11 中所示虚线，此时，降采样速率为 200Mbit/s，随机密钥生成率为 0.3139，则随机密钥的产生速率为 200Mbit/s×0.3139＝62.78Mbit/s。双阈值量化过程的保留率为 0.6301，实验所用两个随机控制码序列中相同控制码所占比例为 0.4982，密钥生成速率也可计算为 200Mbit/s×0.6301×0.4982≈62.78Mbit/s。密钥速率较反馈相位随机键控的实验结果（184kbit/s）[73] 增加了 300 多倍。根据图 3-4 计算所得单纵模激光信号的熵率 16Gbit/s 和随机密钥生成率 0.3139，此方案的密钥生成速率最高可达 5Gbit/s。

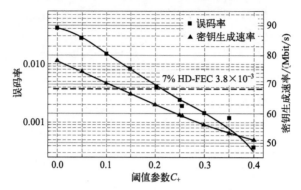

图 3-11　降采样速率为 200Mbit/s 时，随机密钥
误码率和速率随上阈值参数 C_+ 的变化

实验利用采样率为 80GSa/s 的高速实时数字示波器对通信双方随机键控激光信号进行采集，输出模式的随机键控速率为 200Mbit/s，即键控周期长度为 5ns，则每个键控周期内有 400 个采样点，若每个键控周期内提取一个采样点进行量化就大大降低了激光信号时间序列的利用率，也严重限制了随机密钥的生成速率。因此，为了提高密钥分发速率，可以在每个键控周期内提取多个采样点进行量化。为了同时保证随机密钥的安全性，可以使每个键控周期内生成的最终共享密钥个数少于 8 个 bits，即一个字节长度，那么即使窃听者可以猜对一个相同控制码，且成功获取了对应产生的最终随机密钥，也不能破解出一个字节的信息。

最终，选用了 3.2Gbit/s 的速率对通信双方的随机键控激光序列进行降采样处理，选取保证生成随机密钥中"1"码所占比例在 0.5 ± 0.003 范围内的上下阈值参数 C_+ 和 C_- 对降采样序列进行双阈值量化，最终生成的随机密钥误码率和速率结果如图 3-12 所示。与图 3-11 所示相同，密钥误码率和生成速率均随着阈值参数增加而降低，当密钥误码率达到 3.8×10^{-3} 时，密钥生成速率为 0.75Gbit/s。此时，上阈值参数 C_+ 为 0.253，对

应的下阈值参数 C_- 为 0.493，密钥生成率为 0.2344。双阈值量化的保留率为 0.4708，所以每个相同控制码的键控周期内生成的最终共享密钥个数为 5ns×3.2Gbit/s×0.4708≈7.5bits，小于 8 个 bits，可以保证最终共享密钥信息的安全性。

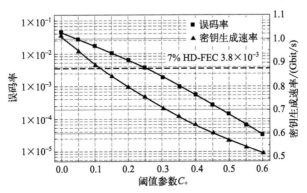

图 3-12 采样率为 3.2Gbit/s 时，随机密钥误码率和生成速率随上阈值参数 C_+ 的变化

为了证明最终密钥的随机性，对通信双方将采样速率为 3.2Gbit/s 时生成的两个最终密钥序列进行 NIST 测试，结果如表 3-1 所示。结果表明，通信双方两组最终随机密钥序列均成功通过了 15 个测试项目，即成功通过了 NIST 测试。

表 3-1 通信双方生成的最终密钥序列的 NIST 测试结果

测试项目	F-P_A			F-P_B		
统计测试	P 值	通过率	结果	P 值	通过率	结果
频率测试	0.522100	0.9890	通过测试	0.461612	0.9860	通过测试
块内频率测试	0.422638	0.9920	通过测试	0.585209	0.9900	通过测试
累计和测试	0.350485	0.9890	通过测试	0.471146	0.9870	通过测试
运行测试	0.997147	0.9920	通过测试	0.721777	0.9890	通过测试
最长运行测试	0.994944	0.9870	通过测试	0.745908	0.9930	通过测试
矩阵秩检验	0.878618	0.9880	通过测试	0.919131	0.9900	通过测试
离散傅里叶变换测试	0.420827	0.9840	通过测试	0.568739	0.9840	通过测试

续表

测试项目	F-P$_A$			F-P$_B$		
统计测试	P值	通过率	结果	P值	通过率	结果
非重叠模板匹配测试	0.012043	0.9920	通过测试	0.006906	0.9860	通过测试
重叠模板匹配测试	0.937919	0.9860	通过测试	0.090388	0.9840	通过测试
显著压缩测试	0.138069	0.9890	通过测试	0.435430	0.9930	通过测试
近似熵测试	0.814724	0.9940	通过测试	0.339271	0.9920	通过测试
随机偏移测试	0.048229	0.9891	通过测试	0.040363	0.9888	通过测试
随机偏移变化测试	0.008120	0.9922	通过测试	0.149903	0.9919	通过测试
串行测试	0.137282	0.9910	通过测试	0.188601	0.9930	通过测试
线性复杂度测试	0.166260	0.9900	通过测试	0.140453	0.9890	通过测试

3.4.5 结论

上述密钥分发方案中，熵源的硬件安全性可以用响应F-P激光器的内部参数空间来衡量，而窃听者从驱动信号中获取的与物理熵源有关的信息量可以用互信息方法进行定量计算[72]，计算公式为

$$I(X;Y) = \sum_{a=0}^{1}\sum_{b=0}^{1} p_{X,Y}(a,b)\log_2 \frac{p_{X,Y}(a,b)}{p_X(a)p_Y(b)} \quad (3-4)$$

式中，$p_X(a)$为$X=a$（0或1）的概率；$p_Y(b)$为$Y=b$（0或1）的概率；$p_{X,Y}(a,b)$为$X=a$且$Y=b$的联合概率。

窃听者从公共信道中获取驱动信号，假设其利用均值方法对驱动信号进行量化即将采样点的电压值与整个驱动信号序列的平均电压值进行比较：大于平均值则量化为"1"，小于平均值则量化为"0"，同时通信双方仍利用双阈值量化方法对响应F-P激光器随机键控激光序列进行量化。假设窃听者与通信双方舍弃了相同位置的采样点，得到与通信双方随机密钥相同长度的随机序

列，则窃听者与合法用户 Alice 的互信息量 $I(A;D)$ 为驱动信号中包含的与物理熵源有关的信息量。由图 2-6(d) 可知，滤波宽度为 0.83nm 的驱动信号与对应的响应 F-P 激光器单纵模激光信号的互相关系数为 0.38565，计算得到的驱动信号中包含的与物理熵源有关的信息量仅为 0.062，可见窃听者可从驱动信号中获取的与物理熵源有关的信息量极为有限。

3.5
本章小结

本章在 SLD 共同驱动响应 F-P 激光器实现多纵模激光同步的基础上，进行了基于响应 F-P 激光器输出模式随机键控的密钥分发研究。首先在背靠背情况下，从响应 F-P 激光器输出的多纵模同步激光信号中滤波出两个不同中心波长的单纵模，分析了两个响应 F-P 激光器输出单纵模中心波长相同和不同时的相关性：单纵模中心波长相同则可实现同步，中心波长不同则不同步。此特性表明，响应 F-P 激光器的输出模式可用于激光同步的随机键控。另外，验证了响应 F-P 激光器在开环结构下的激光同步短时鲁棒性和 160km 光纤传输后的长时间稳定性。随后，在 160km 光纤传输情况下，进行了响应 F-P 激光器输出模式随机键控的密钥产生实验，此方案中同步恢复时间主要取决于随机控制码高低电平之间切换所需的响应时间，仅为 1ns 左右。实验中，通信双方驱动信号传输距离为 160km，选取 HD-FEC 门限 3.8×10^{-3} 为误码率标准计算密钥的产生速率，每个键控周期进行单比特抽样时，密钥分发速率达到 62.78Mbit/s，比反馈相位随机键控实验结果（184kbit/s）提高了 300 多倍。为了提高激光信号的利用率，采用每个键控周期进行多比特抽样的方法，密钥速率进一步提升至 0.75Gbit/s。

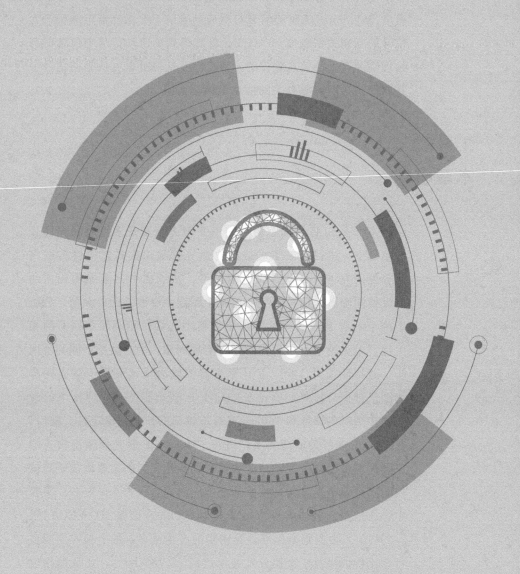

Chapter 4

第 4 章

基于响应F-P激光器驱动信号中心波长随机键控的密钥分发

4.1 引言

由第 3 章研究内容可知，一对内部参数相近的响应 F-P 激光器在 SLD 共同驱动下可实现多纵模同步，通信双方独立随机地从同步激光信号中选择某个中心波长的单纵模输出可以实现同步的随机键控：当单纵模中心波长相同时，两个响应 F-P 激光器是同步的，当中心波长不同时则不同步。此方案中，响应 F-P 激光器输出的激光信号状态并未发生变化，窃听者有一定概率重构多纵模同步，通过记录所有纵模输出达到窃听目的。尽管窃听者很难获取与合法方参数匹配的窃听激光器，且记录所有纵模需要巨大的数据存储量，但相对于响应 F-P 激光器输出状态改变实现的激光同步随机键控方案，其安全性有所减弱。

已知开环响应 F-P 激光器的同步恢复时间比闭环响应 F-P 激光器短两到三个量级，所以选取开环结构响应 F-P 激光器进行密钥分发研究。通过第 3 章已知响应 F-P 激光器不同中心波长纵模间相关性很低，所以原理上利用对应不同纵模的驱动信号扰动响应 F-P 激光器，输出的激光信号纵模波长也不同，其相关性也是很低的。所以，本章提出基于驱动信号中心波长随机键控的密钥分发方案，对注入两个响应 F-P 激光器的驱动信号分别进行相同滤波宽度、不同中心波长的滤波，通信双方随机选择注入响应 F-P 激光器的驱动信号中心波长实现激光同步的随机键控：当驱动信号中心波长相同时，两个响应 F-P 激光器同步，中心波长不同则不同步。并且，当驱动信号滤波宽度对应多个纵模时，通过对响应多纵模激光信号进行单模滤波可以实现多路随机密钥并行产生。此方案中，百 ps 量级的同步恢复时间与多路随机密钥并行产生可以联合提升密钥分发速率。

4.2 密钥分发原理

基于驱动信号中心波长随机键控的密钥分发原理如图 4-1 所示，公共驱动源输出的随机驱动信号分为两路传输到合法通信双方 Alice 和 Bob，双方均对驱动信号进行分束与滤波，生成线宽相同、中心波长不同（λ_{T0} 和 λ_{T1}）的两路注入信号，驱动信号的滤波宽度对应响应 F-P 激光器的两个纵模。随后，双方利用各自的二进制随机控制码 C_A 和 C_B 对注入响应 F-P 激光器的驱动信号中心波长进行随机选择。当随机控制码 C_A（C_B）为 "0" 时，驱动信号滤波中心波长为 λ_{T0}，响应 F-P 激光器对应输出由中

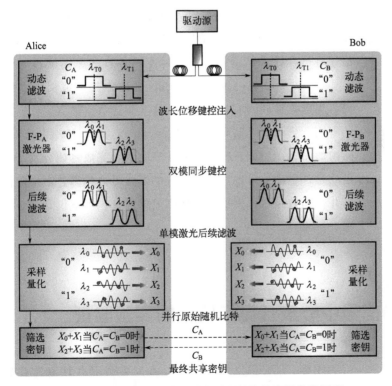

图 4-1 基于驱动信号中心波长随机键控的密钥分发原理

心波长为 λ_0 和 λ_1 的单纵模构成的双纵模激光信号；当 $C_A(C_B)$ 为"1"时，驱动信号的滤波中心波长为 λ_{T1}，响应 F-P 激光器对应输出由中心波长为 λ_2 和 λ_3 的单纵模构成的双纵模激光信号。可知 $\lambda_{T0}=(\lambda_0+\lambda_1)/2$，$\lambda_{T1}=(\lambda_2+\lambda_3)/2$。当通信双方控制码相同（$C_A=C_B=0$ 或 $C_A=C_B=1$）时，响应 F-P 激光器输出的双纵模激光信号可实现同步，当随机控制码不同（$C_A=0$，$C_B=1$ 或 $C_A=1$，$C_B=0$）时则不同步。由此，通信双方通过随机选择驱动信号滤波中心波长实现了激光同步的随机键控。

由于驱动信号滤波线宽对应响应 F-P 激光器两个单纵模，故通信双方可以对响应 F-P 激光器输出的双纵模激光信号进行单模滤波：当随机控制码 $C_A(C_B)$ 为"0"时，激光信号被滤波分成中心波长分别为 λ_0 和 λ_1 的单纵模；当 $C_A(C_B)$ 为"1"时，激光信号被滤波分成中心波长分别为 λ_2 和 λ_3 的单纵模。Alice 和 Bob 分别对各自响应 F-P 激光器输出的 4 路单纵模激光信号进行并行采样量化，独立地生成各自的原始随机密钥序列 X_0、X_1、X_2、X_3。Alice 和 Bob 通过公共信道交换随机控制码，当随机控制码 $C_A=C_B=0$ 时，筛选 X_0 和 X_1 对应区间内的密钥，当随机控制码 $C_A=C_B=1$ 时，筛选 X_2 和 X_3 对应区间内的密钥，由此获得一致的共享密钥，完成密钥分发。显而易见的是，驱动信号滤波宽度对应的模式个数越多，产生随机密钥的并行路数越多，密钥产生速率成倍提升。本章仅对两个纵模情况进行研究。

4.3 驱动信号中心波长键控同步的实验验证

首先，对驱动信号滤波中心波长对响应 F-P 激光器输出激光信号同步性的影响进行了实验研究，实验装置如图 4-2 所示。

驱动信号为 SLD 输出的 ASE 宽带随机噪声信号，经过耦合比为 50∶50 的 3dB 光耦合器均分为两束，经过隔离器单向传输到通信双方。两路驱动信号分别经过可调谐滤波器调节滤波线宽和滤波中心波长，EDFA 对滤波后的驱动信号进行放大来提供足够的注入功率，可调衰减器调节注入强度，偏振控制器调节偏振态，最后经过环形器注入到参数匹配的响应 F-P 激光器中。响应 F-P 激光器输出激光信号经过环形器的另一端口输出，其中一部分激光信号由光谱分析仪（OSA）直接探测光谱，另一部分激光信号经过 EDFA 放大后由光电探测器（PD）转换为电信号，由频谱分析仪（RSA）和高速实时数字示波器（OSC）记录频谱和时间序列。

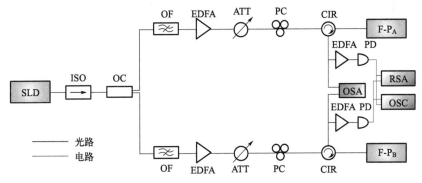

图 4-2　SLD 驱动响应 F-P 激光器同步实验装置

此实验中，SLD 的温度控制器工作在 10kΩ（对应工作温度为 25℃），工作电流为 400mA。响应 F-P 激光器的阈值电流分别为 10.371mA 和 10.224mA，斜率效率分别为 0.221mW/mA 和 0.228mW/mA，模式间隔均为 1.36nm。两个响应 F-P 激光器的温度控制器分别工作在 27.5℃ 和 30.5℃，工作电流分别为 20.2mA 和 20.0mA，输出功率分别为 2.263mW 和 2.319mW，此时两个响应 F-P 激光器的纵模中心波长和弛豫振荡频率均匹配，弛豫振荡频率为 4.85GHz。两个响应 F-P 激光器的注入信号滤波线宽均为 2.20nm，对应响应 F-P 激光器两个模式，响应

F-P$_A$ 激光器驱动信号滤波中心波长为 $\lambda_{T1}=1547.308$nm，响应 F-P$_B$ 激光器驱动信号滤波中心波长为 λ_{T1} 或 $\lambda_{T0}=1544.588$nm。响应 F-P 激光器输出激光信号的光谱和时间序列探测装置均与第 2 章实验相同，在此不再赘述。

驱动信号滤波中心波长对两个响应 F-P 激光器输出激光信号同步性的影响实验结果如图 4-3 所示。图 4-3(a)~(c) 所示为通信双方注入两个响应 F-P 激光器的驱动信号滤波中心波长均为 λ_{T1}、注入强度均为 1.0 时，两个响应 F-P 激光器输出信号的光谱、归一化时间序列和对应的关联点图，双方光谱和时间序列具有高度相似性，且关联点图呈线性分布，说明两个响应 F-P 激光器实现了同步，经计算此时互相关系数为 0.9848。图 4-3(d)~(f) 所示为 Alice 方注入响应 F-P$_A$ 激光器的驱动信号滤波中心波长为 λ_{T1}、Bob 方注入响应 F-P$_B$ 激光器中的驱动信号滤波中心波长为 λ_{T0} 时，两个响应 F-P 激光器输出信号的光谱、归一化时间序列和对应的关联点图，双方光谱并无重叠部分，时间序列相似性很低且关联点图呈分散分布，这说明两个响应 F-P 激光器并不同步，此时的互相关系数小于 0.1。实验结果说明，当驱动信号滤波中心波长相同时，响应 F-P 激光器输出激光信号可实现高质量同步；当驱动信号滤波中心波长不同时，激光信号相关性很低。所以，驱动信号的滤波中心波长可以作为键控参数来实现激光同步的随机键控。

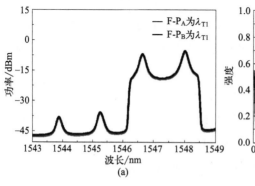
(a)

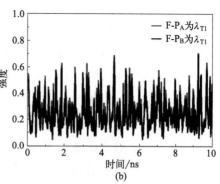
(b)

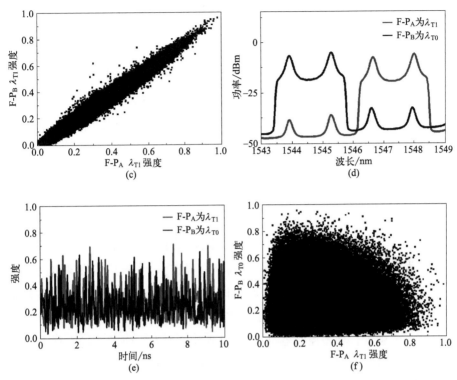

图 4-3 驱动信号滤波中心波长对响应 F-P 激光器同步性的影响（见书后彩插）

(a)~(c) 响应 F-P_A 激光器和响应 F-P_B 激光器注入信号波长均为 λ_{T1} 时的光谱、归一化时间序列和关联点图；(d)~(f) 响应 F-P_A 激光器注入信号波长为 λ_{T1}、响应 F-P_B 激光器注入信号波长为 λ_{T0} 时的光谱、归一化时间序列和关联点图

4.4
密钥分发模拟系统和模拟结果

实验中，驱动信号滤波线宽对应响应 F-P 激光器的两个纵模，当驱动信号的中心波长为 λ_{T0}（λ_{T1}）时，响应 F-P 激光器对应产生中心波长为 λ_{T0}（λ_{T1}）的双纵模激光信号，通信双方对各自的双纵模激光信号进行单模滤波，则生成中心波长分别为

λ_0 和 λ_1（λ_2 和 λ_3）的两个单纵模激光序列，这些激光序列作为物理熵源，可以实现并行随机密钥产生。所以通信双方各 4 路不同中心波长的单纵模激光信号（λ_0、λ_1、λ_2、λ_3）以及各自的随机控制码序列（C_A、C_B）均需要利用高速实时数字示波器进行采集，目前的实验条件无法满足 10 个通道同时采集。所以，后续利用 VPI Transmission Maker 软件对基于驱动信号中心波长随机键控的密钥分发方案进行了模拟。

4.4.1 模拟系统

基于驱动信号中心波长随机键控的密钥分发模拟系统如图 4-4 所示。驱动信号为高斯白噪声（WGN）模块输出的宽带随机 ASE 噪声信号，驱动信号由光耦合器平均分为两路传输到通信双方。分束后的驱动信号由可调衰减器（ATT）调节注入强度，偏振控制器（PC）调节其偏振态，随后经过光耦合器再分为两路。两条光路上均设置可调滤波器（filter）调节驱动信号的滤波中心波长和滤波宽度，电光调制器（EOM）对两路驱

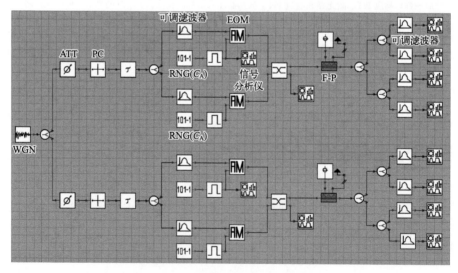

图 4-4　VPI 中的密钥分发方案模拟系统

动信号进行开关键控，调制器的控制信号为随机数发生器（random number generation，RNG）生成的二进制随机序列，两路驱动信号的二进制序列为逻辑非关系，以实现驱动信号中心波长的随机选择。两路随机键控后的驱动信号经光耦合器进行耦合后注入到响应 F-P 激光器中。响应 F-P 激光器输出的激光信号经过后续 4 通道单纵模滤波后进行时间序列采集。

系统中 WGN 模块和响应 F-P 激光器参数与表 2-1 相同，两个响应 F-P 激光器纵模间隔均为 0.56nm，工作电流均为 100mA，输出功率分别为 7.23mW 和 7.31mW，注入强度均为 0.77。驱动信号滤波线宽为 1.12nm，滤波中心波长分别是 $\lambda_{T0}=1545.988$nm 和 $\lambda_{T1}=1547.668$nm，响应 F-P 激光器输出激光信号的单模滤波线宽为 0.56nm，滤波中心波长分别为 $\lambda_0=1545.708$nm，$\lambda_1=1546.268$nm，$\lambda_2=1547.388$nm 和 $\lambda_3=1547.948$nm。随机数发生器产生的二进制随机控制码速率为 1Gbit/s，高低电平分别为 0.125V 和 2.125V，由于实验中随机数发生器芯片输出高低电平切换有一定的响应时间，所以模拟中设置了 10ps 的高低电平切换响应时间。数据分析仪以 2560GHz 的采样率对通信双方响应 F-P 激光器输出的单纵模激光信号和各自的随机控制码进行采集。

4.4.2 驱动信号中心波长键控同步模拟结果

通信双方驱动信号滤波中心波长对响应 F-P 激光器同步性的影响模拟结果如图 4-5 所示。图 4-5(a)~(d) 所示为通信双方滤波中心波长均为 λ_{T1} 时，响应 F-P_A 激光器和响应 F-P_B 激光器输出的激光信号光谱、频谱、归一化时间序列及对应的关联点图。图 4-5(a) 中的光谱表明驱动信号滤波线宽对应响应 F-P 激光器两个纵模，图 4-5(b) 中频谱的弛豫振荡峰和双模拍频峰也验证了此结论。两个响应 F-P 激光器的光谱、频谱和时间序列均具有高度的相似性，关联点图呈线性分布，说明通信双方实现了同步，此时的互相关系数为 0.9797。同理，当通信双方驱动信号滤波中心波长均为 λ_{T0} 时，响应 F-P 激光器也可实现同步，互相关系数为 0.9946。图 4-5(e)～(h) 所示为响应 F-P_A 激光器驱动信号滤波中心波长为 λ_{T1}、响应 F-P_B 激光器驱动信号滤波中心波长为 λ_{T0} 时，两个响应 F-P 激光器输出信号的光谱、频

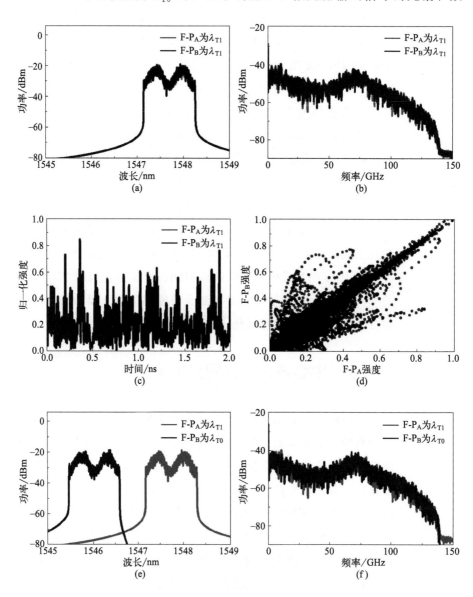

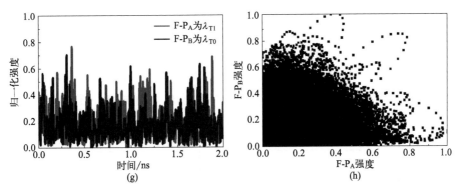

图 4-5 驱动信号滤波中心波长对同步性的影响模拟结果（见书后彩插）

(a)~(d) 响应 F-P$_A$ 激光器和响应 F-P$_B$ 激光器注入信号波长均为 λ_{T1} 时的光谱、频谱、归一化时间序列和关联点图；(e)~(h) 响应 F-P$_A$ 激光器注入信号波长为 λ_{T1}、响应 F-P$_B$ 激光器注入信号波长为 λ_{T0} 时的光谱、频谱、归一化时间序列和关联点图

谱、归一化时间序列及对应的关联点图。图 4-5(e) 中光谱显示两个响应 F-P 激光器输出双纵模之间间隔一个模式，图 4-5(g) 的时间序列相似性很低，图 4-5(h) 的关联点图呈分散分布，表明两个响应 F-P 激光器不同步，此时的互相关系数低于 0.05。同理，当响应 F-P$_A$ 激光器驱动信号滤波中心波长为 λ_{T0}、响应 F-P$_B$ 激光器驱动信号滤波中心波长为 λ_{T1} 时，两个响应 F-P 激光器也不同步，互相关系数低于 0.05。

驱动信号滤波线宽覆盖响应 F-P 激光器两个纵模，扰动响应 F-P 激光器输出双纵模激光信号 [图 4-5(a) 和 (e)]，将响应激光信号进行单模滤波生成两个不同中心波长的单纵模信号，即可进行随机密钥的并行产生。当驱动信号滤波中心波长为 λ_{T0} 时，响应 F-P 激光器输出的两个单纵模中心波长分别为 λ_0 和 λ_1；当驱动信号滤波中心波长为 λ_{T1} 时，响应 F-P 激光器输出的两个单纵模中心波长分别为 λ_2 和 λ_3。两个单纵模信号可以并行产生随机密钥的前提条件是两个响应 F-P 激光器相同中心波长的单纵模信号同步，并且每个响应 F-P 激光器同时输出的两个单纵模（λ_0 和 λ_1 或 λ_2 和 λ_3）间相关性很低。

图 4-6 所示为两个响应 F-P 激光器相同中心波长单纵模信号的同步性。图 4-6(a)~(d) 对应中心波长为 λ_0 的单纵模信号光谱、频谱、归一化时间序列和对应关联点图，图 4-6(e)~(h) 对应单纵模中心波长为 λ_1 的实验结果。由图可以看出，两个响应 F-P 激光器相同中心波长单纵模信号的光谱、频谱和时间序列均具有高度相似性，且对应的关联点图均呈线性分布，说明当

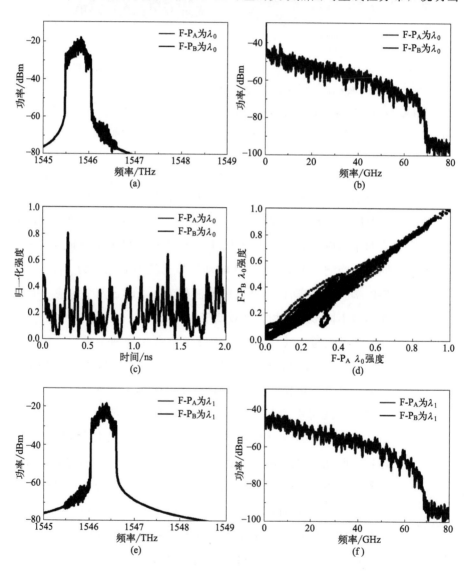

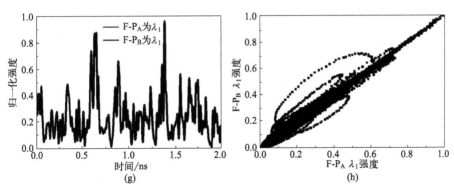

图 4-6 响应 F-P 激光器单纵模中心波长相同时的同步性（见书后彩插）
(a)～(d) 中心波长为 λ_0 时的光谱、频谱、时间序列及关联点图；(e)～(h) 中心波长为 λ_1 时的光谱、频谱、时间序列及关联点图

两个响应 F-P 激光器单纵模中心波长相同时即可实现同步，此时互相关系数分别为 0.9815 和 0.9859。同理，两个响应 F-P 激光器单纵模中心波长为 λ_2 和 λ_3 时，响应 F-P 激光器也是同步的，互相关系数分别达到 0.9953 和 0.9952。

通信双方输出相同中心波长单纵模激光信号的同步性已证明，响应 F-P_A 激光器同时输出的两个中心波长不同的单纵模间的相关性结果如图 4-7 所示。图 4-7(a)～(d) 为响应 F-P_A 激光器输出的中心波长分别为 λ_0 和 λ_1 的单纵模信号光谱、频谱、归一化时间序列和对应的关联点图，图 4-7(e)～(h) 对应单纵模中心波长分别为 λ_2 和 λ_3 的实验结果。图 4-7(a) 和 (e) 表明 4 个不同中心波长的单纵模光谱之间并无重叠部分，波长为 λ_1 的单纵模与波长为 λ_2 的单纵模间隔一个模式宽度。图 4-7(b) 和 (f) 中的频谱低频成分均由于滤波效应能量有所抬高，虽然每个图中两个单纵模信号的频谱波形趋势类似但其能量振荡并未明显重叠。图 4-7(c) 和 (g) 中不同中心波长的单纵模信号时间序列相似性也很低，无明显高度相似部分，图 4-7(d) 和 (h) 的关联点图均呈分散分布，说明响应 F-P_A 激光器同时输出的两个单纵模间相关性很低，互相关系数均为

0.05 左右。同理，响应 F-P$_B$ 激光器的单纵模信号间相关性也很低，在此不再赘述。所以，两个响应 F-P 激光器同时输出的两个中心波长不同的单纵模激光信号可以用于随机密钥的并行产生，以成倍提高密钥分发的速率。

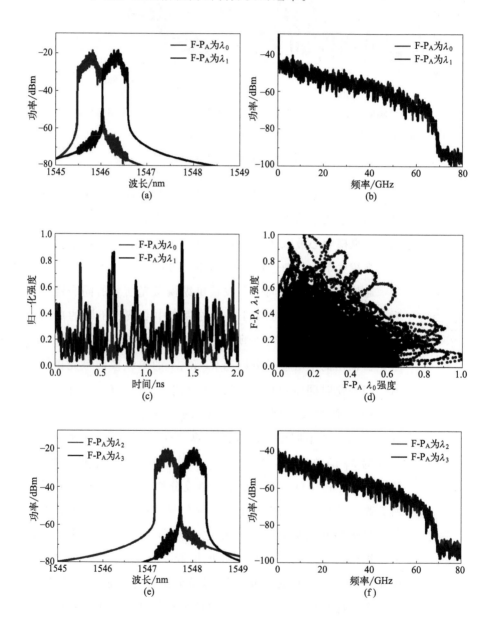

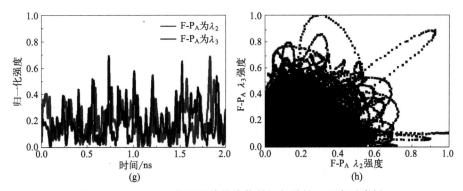

图4-7 响应 F-P_A 激光器单纵模信号间相关性（见书后彩插）

(a)~(d) 中心波长分别为 λ_0 和 λ_1 时的光谱、频谱、归一化时间序列及关联点图；(e)~(h) 中心波长分别为 λ_2 和 λ_3 时的光谱、频谱、归一化时间序列及关联点图

4.4.3 驱动波长键控同步及同步恢复时间

上节中的实验和模拟结果证明驱动信号的中心波长可以用于响应 F-P 激光器的激光同步随机键控。VPI 软件中的随机数发生器（RNG）产生的二进制随机序列速率可调，但无法生成对应的逻辑非序列，所以模拟中利用 Matlab 软件进行编程生成了两组不相关的速率为 1Gbit/s 的二进制随机序列（C_A 和 C_B）及其逻辑非序列，导入到 VPI 的随机数发生器中，通过脉冲切割模块为每位（bit）生成一个矩形脉冲，随机码"1"对应输出 2.125V 电压，随机码"0"对应输出 0.125V 电压。通信双方利用各自的二进制随机序列及其逻辑非序列对应生成的两列电脉冲信号控制电光调制器（EOM），对滤波中心波长为 λ_{T0} 和 λ_{T1} 的两路驱动信号进行随机开关调制：当二进制随机码 C_A（C_B）为"1"时，滤波中心波长为 λ_{T0} 的驱动信号输出；当二进制随机码 C_A（C_B）为"0"时，驱动信号滤波中心波长为 λ_{T1} 的驱动信号输出。两路键控后的驱动信号经耦合器随机前后输出并注入到响应 F-P 激光器中。

图 4-8 为驱动信号中心波长随机键控激光同步的模拟结果。第一、二行的灰色曲线分别为 Alice 和 Bob 滤波中心波长 λ_{T0} 驱动信号的二进制随机控制码时间序列，滤波中心波长为 λ_{T1} 驱动信号的随机控制码与其成逻辑非关系，此处未给出相应时间序列。第一行红色曲线和第二行蓝色曲线分别为 Alice 和 Bob 方驱动信号中心波长随机键控后注入响应 F-P 激光器输出的激光信号时间序列，第三行紫色曲线为两者的短时互相关结果。图中结果表明，当 Alice 和 Bob 方的随机控制码相同（$C_A = C_B$）时，两个响应 F-P 激光器可实现同步，短时互相关系数在 0.98 左右；当随机控制码不同（$C_A \neq C_B$）时，激光器输出信号相关性很低，短时互相关系数为 0.3 左右。由此，通信双方利用驱动信号中心波长随机选择实现了激光同步的随机键控。

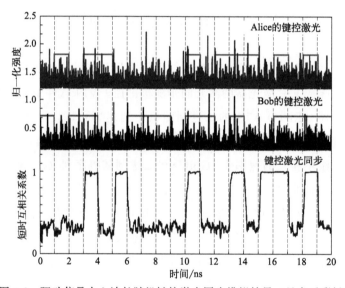

图 4-8 驱动信号中心波长随机键控激光同步模拟结果（见书后彩插）

随后，对本方案中响应 F-P 激光器的同步恢复时间进行了定量分析。图 4-9 为同步恢复时间的定量计算方法和统计结果。为了精确计算同步恢复时间的量级，将响应 F-P_A 激光器和响应 F-P_B 激光器输出的随机键控激光信号进行差值计算，同步恢复时间则定义为通信双方控制码由不同切换为相同的时刻到通信双方激光信号差值收敛于±10%范围内的时间。如图4-9（a）所示，第一行为通信双方中心波长λ_{T0}驱动信号的二进制随机控制码时间序列，在码型切换时设置了10ps的响应时间来模拟实验中的电平切换响应时间，通信双方随机控制码于8ns处进行切换（左侧虚线所示）。第二行为通信双方随机键控激光信号强度时间序列，当通信双方随机控制码不相同时，两者呈现很低的相似性，当随机控制码切换为相同后逐渐趋于重合。第三行为通信双方激光信号的差值序列，随机控制码不相同时，差值呈现大幅振荡，当随机控制码切换为相同后，差值逐渐收敛于很小的范围内。激光信号差值收敛于±10%范围内的时刻如图4-9（a）右侧虚线所示，此时同步恢复时间为152ps。随后对此方案的同步恢复时间进行了统计研究，得到如图4-9（b）所示结果。利用两列2000个bits的随机控制码对通信双方驱动信号进行键控，其中随机控制码由不同到相同切换的个数为517个，统计得到的同步恢复时间分布在50~300ps之间，其均值为155ps，标准偏差为48ps，此统计结果与已报道的开环结构响应激光器同步恢复时间量级相符。

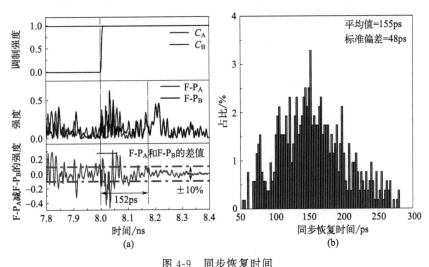

图4-9 同步恢复时间

(a) 计算方法；(b) 统计分布

4.4.4 一致密钥产生

驱动信号滤波中心波长随机键控使两个响应 F-P 激光器随机输出中心波长不同的双纵模激光信号,通信双方对激光信号进行后续单模滤波以实现随机密钥的并行产生。当通信双方随机控制码为"1"时,响应 F-P 激光器输出中心波长分别为 λ_0 与 λ_1 的两列单纵模激光信号,当随机控制码为"0"时,激光器输出中心波长为 λ_2 与 λ_3 的两列单纵模信号。利用 VPI 软件中的信号分析仪对通信双方各自 4 个不同中心波长的单纵模信号进行数据采集,并利用双阈值量化方法提取原始随机密钥序列。对比通信双方随机控制码,当两者均为"0"时,筛选从中心波长为 λ_0 和 λ_1 的两列单纵模信号中提取的随机密钥,当两者均为"1"时,筛选从中心波长为 λ_2 与 λ_3 的两列单纵模信号中提取的随机密钥,这些密钥原理上是一致的,均可作为最终共享密钥,所以此方案的密钥分发速率为 4 个不同中心波长的单纵模信号产生最终随机密钥速率的总和。

共享随机密钥提取过程与第 3 章一致,利用双阈值量化方法对随机键控激光信号进行量化,选取使产生的随机密钥序列中"1"码所占比例在 0.5 ± 0.003 范围内的阈值参数 C_+ 和 C_-,计算 4 路单纵模激光信号产生随机密钥的误码率和速率。密钥速率用式(3-3)进行计算,此方案在每个键控周期内抽取一个采样点进行量化,即降采样速率 f_{ds} 为 1Gbit/s。

图 4-10(a)~(d) 分别为通信双方中心波长为 λ_0、λ_1、λ_2 和 λ_3 的单纵模激光信号生成随机密钥误码率和速率随上阈值参数 C_+ 的变化情况。结果表明,随着阈值参数增加,随机密钥误码率和速率均呈下降趋势,同样用误码率为 3.8×10^{-3} 作为密钥速率的衡量标准。通信双方随机控制码均为"1"的比例为 0.256,中心波长为 λ_0 的单纵模激光信号进行双阈值量化的保留率 r_q 为 0.6500,则密钥生成速率为 1Gbit/s×0.6500×0.256=

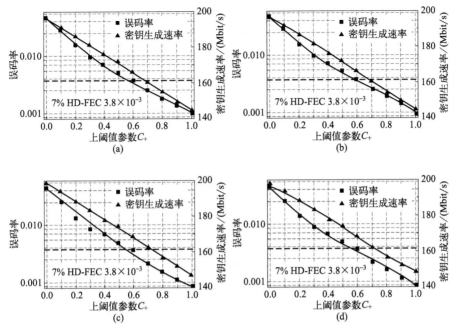

图 4-10 单纵模激光信号产生的随机密钥误码率和速率随上阈值参数的变化情况
(a) 中心波长为 λ_0; (b) 中心波长为 λ_1; (c) 中心波长为 λ_2; (d) 中心波长为 λ_3

166.42Mbit/s; 单纵模中心波长为 λ_1 时, 双阈值保留率 r_q 为 0.6506, 密钥生成速率为 1Gbit/s × 0.6506 × 0.256 = 166.55Mbit/s。通信双方随机控制码均为 "0" 的比例为 0.242, 中心波长为 λ_2 的单纵模激光信号进行双阈值量化的保留率 r_q 为 0.6985, 则密钥生成速率为 1Gbit/s × 0.6985 × 0.242 = 169.04Mbit/s; 单纵模中心波长为 λ_3 时, 双阈值保留率 r_q 为 0.6981, 密钥生成速率为 1Gbit/s × 0.6981 × 0.242 = 168.94Mbit/s。中心波长为 λ_2 和 λ_3 的单纵模激光信号的双阈值保留率比 λ_0 和 λ_1 高的原因是随机控制码相同时, 中心波长为 λ_2 和 λ_3 的单纵模信号同步性更高。所以, 通信双方最终密钥分发速率为 670.95Mbit/s, 相对于反馈相位随机键控的分发速率提高了 4 个量级。本方案提升密钥分发速率的原因有两个方面: ①响应 F-P 激光器为开环结构, 同步恢复时间仅为 150ps 左右,故随机键控速率提高至1Gbit/s；②利用响应F-P激光器的多纵模特性实现了随机密钥的并行产生，更是进一步成倍提升了密钥分发速率。

4.4.5 结论

第2章与第3章的密钥分发方案均是在ASE随机噪声信号共同驱动响应F-P激光器同步的基础上进行研究的，然而噪声信号诱导半导体激光器产生的激光信号是包含混沌成分还是仅为噪声信号并未报道。所以，通过计算激光信号的关联维数来分析其中是否存在混沌成分。1983年，Grassberger和Procaccia提出了G-P（Grassberger-Procaccia）算法计算混沌吸引子的关联维数[174]。但噪声信号诱导响应激光器输出的激光信号中包含了大量的噪声成分，利用普通的G-P算法计算激光信号的关联维数已经不满足计算要求，所以本小节利用主成分分析和相空间再嵌入方法[175,176]对激光信号进行关联维数分析。

第4.4.3小节滤波中心波长为λ_{T0}的驱动信号扰动响应F-P激光器产生的双纵模激光信号关联维数计算结果如图4-11所示。

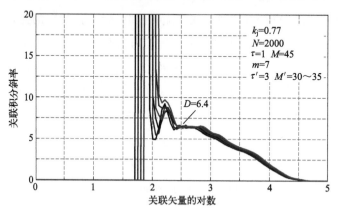

图4-11 响应F-P激光器输出激光信号的关联维数

D—关联维数；k_j—注入强度；N—序列点数；τ—相空间嵌入时延；M—相空间维数；m—前m个维度；τ'—重嵌入相空间时延；M'—重嵌入相空间维数

注入强度为 0.77 时,关联积分的斜率在 2.4~2.8 区域内收敛,关联维数约为 6.4,说明,此时响应 F-P 激光器输出的激光信号中包含混沌成分,且关联维数值也说明产生的激光信号复杂度很高。但是,驱动信号注入强度对不同运行状态下的响应 F-P 激光器输出信号的关联维数和复杂度的影响并未进行系统分析,这将是下一步需要进行详细研究的内容。

4.5 本章小结

本章基于多纵模响应 F-P 激光器不同纵模间相关性低的特性,提出基于驱动信号中心波长随机键控的密钥分发方案。首先,通过实验验证了通信双方选择不同中心波长的驱动信号注入响应 F-P 激光器时,响应 F-P 激光器输出的激光信号相关性很低,由此可以将驱动信号的中心波长作为调制参数实现响应 F-P 激光器同步的随机键控。驱动信号的滤波宽度对应响应 F-P 激光器两个纵模,通过后续单模滤波可以实现随机密钥双路并行产生,但由于现有实验条件无法满足两个响应 F-P 激光器各 4 路单纵模激光信号以及各自随机控制码序列的同时探测需求,后续利用 VPI Transmission Maker 软件对此方案进行了模拟研究。首先,实现了基于驱动信号中心波长随机选择的响应 F-P 激光器同步随机键控,键控速率为 1Gbit/s。随后,对响应 F-P 激光器的同步恢复时间进行了统计分析,结果表明其均值在 155ps 左右,标准偏差为 48ps,与现有报道结果相符。最终在误码率为 3.8×10^{-3} 时,双路随机密钥的并行分发速率达到了 670.97Mbit/s,相对于反馈相位随机键控激光同步的密钥分发实验结果提高了 4 个量级。

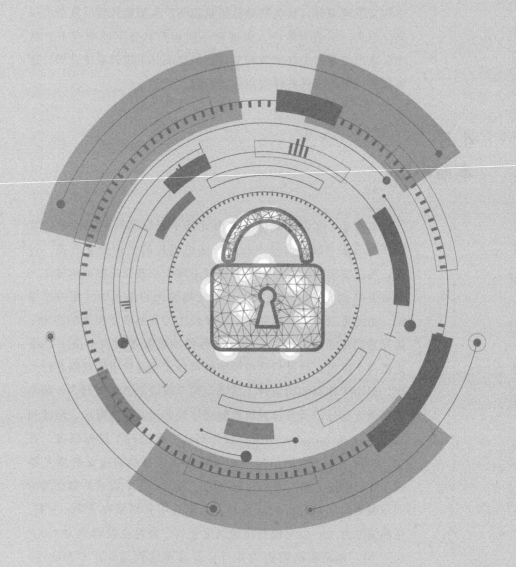

Chapter 5

第 5 章　**总结与展望**

5.1 总结

网络空间安全是信息时代的重要战略目标，信息保密传输是核心技术之一。Shannon的"一次一密"理论提出：安全的保密通信需要高速的真随机密钥的产生与安全分发。所以，如何将高速随机密钥安全分发至通信双方也是目前保密通信亟须研究的重点。基于数学算法的密钥分发方案由于其算法确定性，理论上始终存在被破解的隐患。基于量子不可克隆和测不准原理的密钥分发方案速率受限于单光子探测器件，且与现代光纤通信系统不兼容。所以近年来，研究者不断探索基于经典物理层的密钥分发技术，以期实现距离与速率兼顾且与现有光纤通信网络兼容的高速密钥安全分发。

相对于光纤激光器参数随机选择、物理不可克隆函数以及光纤信道互易性等密钥分发技术，基于激光同步的密钥分发方案最具高速且长距的潜力。直接从同步激光信号中提取随机密钥的方案的安全性主要依赖于窃听者获取与合法用户参数匹配的窃听激光器的难度，所以为了进一步增强安全性，研究学者提出基于激光同步随机键控的密钥分发方案。然而，在此类方案中，响应激光器由不同步状态向同步状态切换需要一定的响应时间即同步恢复时间，此时间内的激光信号无法作为物理熵源提取随机密钥，大大降低了激光信号时间序列的利用率，由此大大限制了密钥分发速率。

针对上述问题，本书提出基于开环多纵模响应F-P激光器同步随机键控的密钥分发方案。已有研究表明，开环结构的响应激光器同步恢复时间较闭环结构短2个量级，所以本书采用开环结构响应F-P激光器作为通信双方的响应激光器。利用响应F-P激光器单纵模间相关性低的特性，分别对响应F-P激光器的输出模式以及驱动信号中心波长进行了随机选择，实现了响应 F-P 激光器同步的随机键控，将密钥分发速率提升至百 Mbit/s 量级。具体工作总结如下：

① 介绍了经典物理层密钥分发的研究意义，概述了光纤激光器参数随机选择、物理不可克隆函数（PUF）、光纤信道互易性以及激光同步等密钥分发技术的原理及研究现状，阐明了基于激光同步的密钥分发技术的优势以及现存的问题。

② 通过实验实现了宽带 ASE 随机噪声信号共同驱动响应 F-P 激光器多纵模同步，证明了驱动信号与响应激光信号的低相关性；利用 VPI Transmission Maker 软件模拟研究了响应 F-P 激光器内部参数失配对同步性的影响，结果表明内部参数空间高达 10^{16}。实验研究了响应 F-P 激光器中心波长和工作电流失配以及驱动信号的注入参数及其失配对同步性的影响，结果表明通信双方仅在各参数均匹配时，同步质量达到最优。

③ 提出了基于响应 F-P 激光器输出模式随机键控的密钥分发方案并进行了实验研究，通过实验证明了多纵模同步的两个响应 F-P 激光器滤波出的单纵模信号中心波长相同时可同步，中心波长不同时不同步，通信双方利用各自随机控制码对输出模式进行随机选择可实现激光同步的随机键控，通信双方对比并筛选出相同随机控制码对应区间内生成的随机序列作为最终共享密钥，由此实现密钥分发。此方案的同步恢复时间仅取决于随机控制码高低电平切换的响应时间，约为 1ns。实验中，通信双方的信号传输距离为 160km，选取 HD-FEC 门限 3.8×10^{-3} 为误码率标准，每个键控周期进行单比特抽样时，密钥分发速率为 62.78Mbit/s，每个键控周期进行多比特抽样时，速率达到了 0.75Gbit/s。

④ 提出了基于驱动信号中心波长随机键控的密钥分发方案并进行了模拟研究。首先实验证明了当两个响应 F-P 激光器驱动信号滤波中心波长不同时，输出激光信号相关性很低，说明驱动信号中心波长随机选择可以实现激光同步随机键控。受限于实

验条件，利用 VPI Transmission Maker 软件对此方案进行了模拟：不同中心波长的驱动信号扰动响应 F-P 激光器生成对应中心波长的双纵模激光信号，通过后续对其进行单模滤波实现了随机密钥的并行产生。得益于响应 F-P 激光器的开环结构，此方案的同步恢复时间仅为 150ps 左右，当键控速率为 1Gbit/s 且对每个键控周期进行单比特采样时，密钥分发速率达到了 670.97Mbit/s，比反馈相位随机键控实验结果提高了 4 个量级。

综上所述，本书旨在通过缩短同步恢复时间提高基于激光同步随机键控的密钥分发速率，主要创新点在于：

① 响应 F-P 激光器输出模式随机键控的同步恢复时间取决于控制码切换响应时间，仅为 1ns 左右。

② 驱动信号中心波长随机键控的同步恢复时间为百 ps 量级，并且对多纵模响应 F-P 激光器进行单模滤波，可进行随机密钥多路并行产生。

5.2 展望

密钥分发研究的核心指标有速率、安全性以及传输距离。目前基于激光同步随机键控的密钥分发方案已满足有界可观测的信息论安全，但相对于现代 100Gbit/s 骨干光纤通信网络的构建需求，此类方案仍需在速率及传输距离等方面有所突破。并且，基于 SLD 共驱同步随机键控的密钥分发方案中，仍有一些物理机理问题有待研究。所以，接下来的研究工作可以从以下几个部分进一步开展：

① SLD 输出的非相干噪声信号可以扰动响应激光器产生的相干激光信号实现同步的物理机制是进行激光同步以及密钥分发研究的理论基础，仍需要进行深入探究。

② SLD 在何种参数范围内诱导响应激光器输出的信号中包

含混沌信号或者激光信号的某个特定频段为混沌信号仍需进行详细研究分析。

③ 响应激光器同步随机键控过程中的同步恢复时间仍限制着密钥分发速率，探明其物理机制是从根本上提升密钥分发速率的重点研究方向。

④ 如何降低长距离光纤传输对激光同步质量的损耗是面向城域网和城际网的长距离高速密钥分发的关键。

参考文献

［1］ SHANNON C E. Communication theory of secrecy systems ［J］. Bell System Technical Journal，1949，28（4）：656-715.

［2］ DIFFIE W，HELLMAN M. New directions in cryptography ［J］. IEEE Transactions on Information Theory，1976，22（6）：644-654.

［3］ PETRIE C S，CONNELLY J A. A noise-based IC random number generator for applications in cryptography ［J］. IEEE Transactions on Circuits and Systems I：Fundamental Theory and Applications，2000，47（5）：615-621.

［4］ BUCCI M，GERMANI L，LUZZI R，et al. A high-speed oscillator-based truly random number source for cryptographic applications on a smart card IC ［J］. IEEE Transactions on Computers，2003，52（4）：403-409.

［5］ WAYNE M A，KWIAT P G. Low-bias high-speed quantum random number generator via shaped optical pulses ［J］. Optics Express，2010，18（9）：9351-9357.

［6］ FURST H，WEIER H，NAUERTH S，et al. High speed optical quantum random number generation ［J］. Optics Express，2010，18（12）：13029-13037.

［7］ WAHL M，LEIFGEN M，BERLIN M，et al. An ultrafast quantum random number generator with provably bounded output bias based on photon arrival time measurements ［J］. Applied Physics Letters，2011，98（17）：171105.

［8］ ACERBI F，BISADI Z，FONTANA G，et al. A robust quantum random number generator based on an integrated emitter-photodetector structure ［J］. IEEE Journal of Selected Topics in Quantum Electronics，2018，24（6）：6101107.

［9］ GUO X M，CHENG C，WU M C，et al. Parallel real-time quantum random number generator ［J］. Optics Letters，2019，44（22）：5566-5569.

［10］ LEI W，XIE Z H，LI Y Z，et al. An 8.4Gbps real-time quantum random number generator based on quantum phase fluctuation ［J］. Quantum Information Processing，2020，19（11）：405.

［11］ BAI B，HUANG J Y，QIAO G R，et al. 18.8Gbps real-time quantum random number generator with a photonic integrated chip ［J］. Applied Physics Letters，2021，118（26）：264001.

［12］ UCHIDA A，AMANO K，INOUE M，et al. Fast physical random bit generation with chaotic semiconductor lasers ［J］. Nature Photonics，2008，2（12）：728-732.

［13］ MURPHY T E，ROY R. Chaotic lasers：The world's fastest dice ［J］. Nature Photonics，2008，2（12）：714-715.

[14] KANTER I, AVIAD Y, REIDLER I, et al. An optical ultrafast random bit generator [J]. Nature Photonics, 2010, 4 (1): 58-61.

[15] LI P, WANG Y C, ZHANG J Z. All-optical fast random number generator [J]. Optics Express, 2010, 18 (19): 20360-20369.

[16] ZHANG Y, ZHANG J, ZHANG M, et al. 2.87-Gb/s random bit generation based on bandwidth-enhanced chaotic laser [J]. Chinese Optics Letters, 2011, 9 (3): 031404.

[17] Li P, WANG Y C, WANG A B, et al. Fast and tunable all-optical physical random number generator based on direct quantization of chaotic self-pulsations in two-section semiconductor lasers [J]. IEEE Journal of Selected Topics in Quantum Electronics, 2013, 19 (4): 1-8.

[18] WANG A, LI P, ZHANG J, et al. 4.5Gbps high-speed real-time physical random bit generator [J]. Optics Express, 2013, 21 (17): 20452-20462.

[19] TANG X, WU Z M, WU J G, et al. Tbits/s physical random bit generation based on mutually coupled semiconductor laser chaotic entropy source [J]. Optics Express, 2015, 23 (26): 33130-33141.

[20] BULTER T, DUKAN C, GOULDING D, et al. Optical ultrafast random number generation at 1Tbps using a turbulent semiconductor ring cavity laser [J]. Optics Letter, 2016, 41 (2): 388-391.

[21] WANG L, ZHAO T, WANG D, et al. Real-time 14-Gbps physical random bit generator based on time-interleaved sampling of broadband white chaos [J]. IEEE Photonics Journal, 2017, 9 (2): 1-13.

[22] UGAJIN K, TERASHIMA Y, IWAKAWA K, et al. Real-time fast physical random number generator with a photonic integrated circuit [J]. Optics Express, 2017, 25 (6): 6511-6523.

[23] WANG A B, WANG L S, LI P, et al. Minimal-post-processing 320-Gbps true random bit generation using physical white chaos [J]. Optics Express, 2017, 25 (4): 3153-3164.

[24] SAKURABA R, IWAKAWA K, KANNO K, et al. Tb/s physical random bit generation with bandwidth-enhanced chaos in three-cascaded semiconductor lasers [J]. Optics Express, 2015, 23 (2): 1470-1490.

[25] WANG L S, WANG D M, LI P, et al. Post-processing-free multi-bit extraction from chaotic laser diode with CFBG feedback [J]. IEEE Photonics Technology Letters, 2018, 30 (16): 1435-1438.

[26] LI P, GUO Y, GUO Y Q, et al. Ultrafast fully photonic random bit genera-

tor [J]. Journal of Lightwave Technology, 2018, 36 (12): 2531-2540.

[27] XIANG S Y, WANG B, WANG Y, et al. 2. 24-Tb/s physical random bit generation with minimal post-processing based on chaotic semiconductor lasers network [J]. Journal of Lightwave Technology, 2019, 37 (16): 3987-3993.

[28] LI P, LI K Y, GUO X M, et al. Parallel optical random bit generator [J]. Optics Letters, 2019, 44 (10): 2446-2449.

[29] GE Z T, XIAO Y, HAO T F, et al. Tb/s fast random bit generation based on a broadband random optoelectronic oscillator [J]. IEEE Photonics Technology Letters, 2021, 33 (22): 1223-1226.

[30] GUO Y, CAI Q, LI P, et al. Ultrafast and real-time physical random bit extraction with all-optical quantization [J]. Advanced Photonics, 2023, 4 (3): 83-89.

[31] GISIN N, RIBORDY G, TITTEL W, et al. Quantum cryptography [J]. Reviews of Modern Physics, 2002, 74 (1): 145-195.

[32] SCARANI V, BECHMANN-PASQUINUCCI H, CERF N H, et al. The security of practical quantum key distribution [J]. Reviews of Modern Physics, 2009, 81 (3): 1301-1350.

[33] BENNETT C H, BRASSARD G. Quantum cryptography: public key distribution and coin tossing [C] // Processing of IEEE International Conference on Computers Systems and Signal Processing. IEEE, 1984: 175-179.

[34] LIU Y, CHEN T Y, WANG J, et al. Decoy-state quantum key distribution with polarized photons over 200km [J]. Optics Express, 2010, 18 (8): 8587-8594.

[35] 中国通信标准化协会.《量子保密通信技术白皮书》[EB/OL]. (2019-01-15). http://www.ccsa.org.cn.

[36] 中央电视台. 中国科学院: 世界首条量子通信干线"京沪干线"正式开通 [J]. 移动通信, 2017, 41 (19): 45.

[37] LIU S K, CAI W Q, LIU W Y, et al. Satellite-to-ground quantum key distribution [J]. Nature, 2017, 549 (7670): 43-47.

[38] CHEN J P, ZHANG C, LIU Y, et al. Sending-or-not-sending with independent lasers: secure twin-field quantum key distribution over 509km [J]. Physical Review Letters, 2020, 124 (7): 070501.

[39] LIU H, JIANG C, ZHU H T, et al. Field test of twin-field quantum key distribution through sending-or-not-sending over 428km [J]. Physical Review Letters, 2021, 126 (25): 250502.

[40] CHEN J P, ZHANG C, LIU Y, et al. Twin-field quantum key distribution over a 511km optical fibre linking two distant metropolitan areas [J]. Nature Photonics, 2021, 15 (8): 570-575.

[41] WANG S, YIN Z Q, HE D Y, et al. Twin-field quantum key distribution over 830km fibre [J]. Nature Photonics, 2022, 16 (2): 154-161.

[42] SCHEUER J, YARIV A. Giant fiber lasers: a new paradigm for secure key distribution [J]. Physical Review Letters, 2006, 97 (14): 140502.

[43] ZADOK A, SCHEUER J, SENDOWSKI J, et al. Secure key generation using an ultra-long fiber laser: transient analysis and experiment [J]. Optics Express, 2008, 16 (21): 16680-16690.

[44] BAR-LEV D, SCHEUER J. Enhanced key-establishing rates and efficiencies in fiber laser key distribution systems [J]. Physics Letters A, 2009, 373 (46): 4287-4296.

[45] KOTLICKI O, SCHEUER J. Dark states ultra-long fiber laser for practically secure key distribution [J]. Quantum Information Processing, 2014, 13: 2293-2311.

[46] EL-TAHER A, KOTLICKI O, HARPER P, et al. Secure key distribution over a 500km long link using a Raman ultra-long fiber laser [J]. Laser Photonics Reviews, 2014, 8 (3): 436-442.

[47] TONELLO A, BARTHELEMY A, KRUPA K, et al. Secret key exchange in ultralong lasers by radiofrequency spectrum coding [J]. Light: Science & Applications, 2015, 4 (4): e276.

[48] HORSTMEYER R, JUDKEWITZ B, VELLEKOOP I M, et al. Physical key-protected one-time pad [J]. Scientific Reports, 2013, 3: 3543.

[49] KRAVTSOV K, WANG Z X, TRAPPE W, et al. Physical layer secret key generation for fiber-optical network [J]. Optics Express, 2013, 21 (20): 23756-23771.

[50] HAJOMER A A E, YANG X L, SULTAN A, et al. Key distribution based on phase fluctuation between polarization modes in optical channel [J]. IEEE Photonics Technology Letters, 2018, 30 (8): 704-707.

[51] HUANG C R, MA P Y, BLOW E C, et al. Accelerated secure key distribution based on localized and asymmetric fiber interferometers [J]. Optics Express, 2019, 27 (22): 32096-32110.

[52] ZAMAN I U, LOPEZ A B, FARAQUE M A A, et al. Physical layer cryptographic key generation by exploiting PMD of an optical fiber link [J]. Journal

of Lightwave Technology, 2018, 36 (24): 5903-5911.

[53] BROMBERG Y, REDDING B, POPOFF M S, et al. Remote key establishment by random mode mixing in multimode fibers and optical reciprocity [J]. Optical Engineering, 2018, 58 (1): 016105.

[54] HAJOMER A A E, ZHANG L M, YANG X L, et al. Accelerated key generation and distribution using polarization scrambling in optical fiber [J]. Optics Express, 2019, 27 (24): 35761-35773.

[55] HAJOMER A A E, ZHANG L M, YANG X L, et al. 284.8-Mb/s physical-layer cryptographic key generation and distribution in fiber networks [J]. Journal of Lightwave Technology, 2021, 39 (6): 1595-1601.

[56] HUANG P, SONG Q H, PENG H K, et al. Secure key generation and distribution scheme based on two independent local polarization scramblers [J]. Applied Optics, 2021, 60 (1): 147-154.

[57] ZHANG L M, HAJOMER A A E, HU W S, et al. 2.7Gb/s secure key generation and distribution using bidirectional polarization scrambler in fiber [J]. IEEE Photonics Technology Letters, 2021, 33 (6): 289-292.

[58] SHAO W D, CHENG M F, DENG L, et al. High-speed secure key distribution using local polarization modulation driven by optical chaos in reciprocal fiber channel [J]. Optics Letters, 2021, 46 (23): 5910-5913.

[59] WANG X Q, ZHANG J, LI Y J, et al. Secure key distribution system based on optical channel physical features [J]. IEEE Photonics Journal, 2019, 11 (6): 7205311.

[60] WANG X Q, ZHAGN J, WANG B, et al. Key distribution scheme for optical fiber channel based on SNR feature measurement [J]. Photonics, 2021, 8 (208): 1-10.

[61] VICENTE R, MIRASSO C R, FISCHER I. Simultaneous bidirectional message transmission in a chaos-based communication scheme [J]. Optics letters, 2007, 32 (4): 403-405.

[62] PORTE X, SORIANO M C, BRUNNER D, et al. Bidirectional private key exchange using delay-coupled semiconductor lasers [J]. Optics Letters, 2016, 41 (12): 2871-2874.

[63] KANTER I, BUTKOVSKI M, PELEG Y, et al. Synchronization of random bit generators based on coupled chaotic lasers and application to cryptography [J]. Optics Express, 2010, 18 (17): 18292-18302.

[64] ARGYRIS A, PIKASIS E, SYVRIDIS D. Gb/s one-time-pad data encryption

with synchronized chaos-based true random bit generators [J]. Journal of Lightwave Technology, 2016, 34 (22): 5325-5331.

[65] ZHAO Z X, CHENG M F, LUO C K, et al. Synchronized random bit sequences generation based on analog-digital hybrid electro-optic chaotic sources [J]. Journal of Lightwave Technology, 2018, 36 (20): 4995-5002.

[66] XUE C P, JIANG N, QIU K, et al. Key distribution based on synchronization in bandwidth-enhanced random bit generators with dynamic post-processing [J]. Optics Express, 2015, 23 (11): 14510-14519.

[67] XUE C P, WAN H D, GU P, et al. Ultrafast secure key distribution based on random DNA coding and electro-optic chaos synchronization [J]. IEEE Journal of Quantum Electronics, 2022, 58 (1): 8000108.

[68] LI X Z, LI S S, CHAN S C. Correlated random bit generation using chaotic semiconductor lasers under unidirectional optical injection [J]. IEEE Photonics Journal, 2017, 9 (5): 1505411.

[69] WANG L S, WANG D, GAO H, et al. Real-time 2.5-Gb/s correlated random bit generation using synchronized chaos induced by a common laser with dispersive feedback [J]. IEEE Journal of Quantum Electronics, 2020, 56 (1): 1-8.

[70] ZHAO A K, JIANG N, WANG Y J, et al. Correlated random bit generation based on common-signal-induced synchronization of wideband complex physical entropy sources [J]. Optics Letters, 2019, 44 (24): 5957-5960.

[71] YOSHIMURA K, MURAMATSU J, DAVIS P, et al. Secure key distribution using correlated randomness in lasers driven by common random light [J]. Physical Review Letters, 2012, 108 (7): 070602.

[72] KOIZUMI H, MORIKATSU S, AIDA H, et al. Information-theoretic secure key distribution based on common random-signal induced synchronization in unidirectionally-coupled cascades of semiconductor lasers [J]. Optics Express, 2013, 21 (15): 17869-17893.

[73] SASAKI T, KAKESU I, MITSUI Y, et al. Common-signal-induced synchronization in photonic integrated circuits and its application to secure key distribution [J]. Optics Express, 2017, 25 (21): 26029-26044.

[74] XUE C P, JIANG N, LV Y X, et al. Secure key distribution based on variant properties of chaos synchronization induced by random phase modulation [C] //Asia Communications and Photonics Conference (ACP). Optical Society of America, 2015.

[75] XUE C P, JIANG N, LV Y X, et al. Secure key distribution based on dynamic chaos synchronization of cascaded semiconductor laser systems [J]. IEEE Transactions on Communications, 2016, 65 (1): 312-319.

[76] JIANG N, XUE C P, Lv Y X, et al. Secure key distribution applications of chaotic lasers [C] //Real-time Photonic Measurements, Data Management, and Processing Ⅱ. SPIE, 2016: 55-61.

[77] Zhao X, Jiang N, Wang H, et al. Secure Key Distribution based on Chaos Synchronization and Alternating Step Algorithm [C] //Asia Communications and Photonics Conference (ACP). IEEE, 2018: 1-3.

[78] Jiang N, Zhao X, Zhao A, et al. High-rate secure key distribution based on private chaos synchronization and alternating step algorithms [J]. International Journal of Bifurcation and Chaos, 2020, 30 (02): 2050027.

[79] JIANG N, XUE C P, LIU D M, et al. Secure key distribution based on chaos synchronization of VCSELs subject to symmetric random-polarization optical injection [J]. Optics Letters, 2017, 42 (6): 1055-1058.

[80] ZHAO Z X, CHENG M F, LUO C K, et al. Semiconductor-laser-based hybrid chaos source and its application in secure key distribution [J]. Optics Letters, 2019, 44 (10): 2605-2608.

[81] BOHM F, SAHAKIAN S, DOOMS A, et al. Stable high-speed encryption key distribution via synchronization of chaotic optoelectronic oscillators [J]. Physical Review Applied, 2020, 13 (6): 064014.

[82] VICENTE R, PERRZ T, MIRASSO C R. Open-versus closed-loop performance of synchronized chaotic external-cavity semiconductor lasers [J]. IEEE Journal of Quantum Electronics, 2002, 38 (9): 1197-1204.

[83] WANG L S, CHAO M, WANG A B, et al. High-speed physical key distribution based on dispersion-shift-keying chaos synchronization in commonly driven semiconductor lasers without external feedback [J]. Optics Express, 2020, 28 (25): 37919-37935.

[84] HUANG Y, ZHOU P, LI N Q. High-speed secure key distribution based on chaos synchronization in optically pumped QD spin-polarized VCSELs [J]. Optics Express, 2021, 29 (13): 19675-19689.

[85] GAO Z S, MA Z Y, WU S L, et al. Physical secure key distribution based on chaotic self-carrier phase modulation and time-delayed shift keying of synchronized optical chaos [J]. Optics Express, 2022, 30 (13): 23953-23966.

[86] MA Z Y, LI Q H, WU Q Q, et al. High-speed secure key distribution based

on chaos synchronization and optical frequency comb technology [C] //13th International Photonics and OptoElectronics Meetings (POEM 2021). SPIE, 2022, 12154: 23-26.

[87] PAPPU R, RECHT B, TAYLOR J, et al. Physical one-way functions [J]. Science, 2002, 297 (5589): 2026-2030.

[88] BUCHANAN J D R, COWBUM R P, JAUSOVEC A V, et al. Fingerprinting' documents and packaging [J]. Nature, 2005, 436 (7050): 475.

[89] GAO Y S, AL-SARAWI S F, ABBOTT D. Physical unclonable functions [J]. Nature Electronics, 2020, 3 (2): 81-91.

[90] SHORIC B, TUYLS P, OPHEY W. Robust key extraction from physical unclonable functions [C] //International Conference on Applied Cryptography and Network Security. Berlin: Springer, 2005: 407-422.

[91] SHORIC B. Security with noisy data [C] //12th Information Hiding Conference. Berlin: Springer, 2010, 6387: 48-50.

[92] MAURER U M. Secret key agreement by public discussion from common information [J]. IEEE Transactions on Information Theory, 1993, 39 (3): 733-742.

[93] BABAK A S, AGGELOS K, ALEJANDRA M, et al. Robust key generation from signal envelopes in wireless networks [C] //CCS '07 Proceedings of the 14th ACM Conference on Computer and Communications Security. Berlin: Springer, 2007: 401-410.

[94] MATHUR S, MILLER R, VARSHAVSKY A, et al. ProxiMate: proximity-based secure pairing using ambient wireless signals [C] //MobiSys'11: Proceeding of the 9th International Conference on Mobile systems, applications, and services. Berlin: Springer, 2011: 211-224.

[95] REN K, SU H, WANG Q. Secret key generation exploiting channel characteristics in wireless communications [J]. IEEE Wireless Communications, 2011, 18 (4): 6-12.

[96] PATWARI N, CROFT J, JANA S, et al. High-rate uncorrelated bit extraction for shared secret key generation from channel measurements [J]. IEEE Transactions on Mobile Computing, 2010, 9 (1): 17-30.

[97] PENG Y X, WANG P, XIANG W, et al. Secret key generation based on estimated channel state information for TDD-OFDM systems over fading channels [J]. IEEE Transactions on Wireless Communications, 2017, 16 (8): 5176-5186.

[98] BROOM R F, MOHN E, RISCH C, et al. Microwave self-modulation of a diode laser coupled to an external cavity [J]. IEEE Journal of Quantum Electronics, 1970, 6 (6): 328-344.

[99] PETERMANN K. Nonlinear distortions and noise in optical communication systems due to fiber connectors [J]. IEEE Journal of Quantum Electronics, 1980, 16 (7): 761-770.

[100] MILES R O, DANDRIDGE A, TVETEN A B, et al. Low-frequency noise characteristics of channel substrate planar GaAlAs laser diodes [J]. Applied Physics Letters, 1981, 38 (11): 848-850.

[101] GRAY G R, RYAN A T, AGRAWAL G P, et al. Control of optical-feedback-induced laser intensity noise in optical data recording [J]. Optical Engineering, 1993, 32 (4): 739-745.

[102] LANG R, KOBAYASHI K. External optical feedback effects on semiconductor injection laser properties [J]. IEEE Journal of Quantum Electronics, 1980, 16 (3): 347-355.

[103] GOLDBERG L, TAYLOR H F, DANDRIDGE A, et al. Spectral characteristics of semiconductor lasers with optical feedback [J]. IEEE Transactions on Microwave Theory and Techniques, 1982, 30 (4): 401-410.

[104] LENSTRA D, VERBEEK B, DEN BOEF A. Coherence collapse in single-mode semiconductor lasers due to optical feedback [J]. IEEE Journal of Quantum Electronics, 1985, 21 (6): 674-679.

[105] OLESEN H, OSMUNDSEN J, TROMBORG B. Nonlinear dynamics and spectral behavior for an external cavity laser [J]. IEEE Journal of Quantum Electronics, 1986, 22 (6): 762-773.

[106] CHO Y, UMEDA T. Observation of chaos in a semiconductor laser with delayed feedback [J]. Optics Communications, 1986, 59 (2): 131-136.

[107] SHORE K A. Non-linear dynamics and chaos in semiconductor laser devices [J]. Solid-state Electronics, 1987, 30 (1): 59-65.

[108] MORK J, MARK J, TROMBORG B. Route to chaos and competition between relaxation oscillations for a semiconductor laser with optical feedback [J]. Physical Review Letters, 1990, 65 (16): 1999-2002.

[109] YE J, LI H, MCINERNEY J G. Period-doubling route to chaos in a semiconductor laser with weak optical feedback [J]. Physical Review A, 1993, 47 (3): 2249-2252.

[110] MIRASSO C R, COLET P, GARCIA-FERNANDEZ P. Synchronization of

chaotic semiconductor lasers: application to encoded communications [J]. IEEE Photonics Technology Letters, 1996, 8 (2): 299-301.

[111] ARGYRIS A, SYVRIDIS D, LARGER L, et al. Chaos-based communications at high bit rates using commercial fibre-optic links [J]. Nature, 2005, 438 (7066): 343-346.

[112] CHEN H F, LIU J M. Open-loop chaotic synchronization of injection-locked semiconductor lasers with gigahertz range modulation [J]. IEEE Journal of Quantum Electronics, 2000, 36 (1): 27-34.

[113] MURAKAMI A, OHTSUBO J. Synchronization of feedback-induced chaos in semiconductor lasers by optical injection [J]. Physical Review A, 2002, 65 (3): 033826.

[114] OHTSUBO J. Chaos synchronization and chaotic signal masking in semiconductor lasers with optical feedback [J]. IEEE Journal of Quantum Electronics, 2002, 38 (9): 1141-1154.

[115] CHEN H F, LIU J M. Unidirectionally coupled synchronization of optically injected semiconductor lasers [J]. IEEE Journal of Selected Topics in Quantum Electronics, 2004, 10 (5): 918-926.

[116] TAKIGUCHI Y, OHYAGI K, OHTSUBO J. Bandwidth-enhanced chaos synchronization in strongly injection-locked semiconductor lasers with optical feedback [J]. Optics Letters, 2003, 28 (5): 319-321.

[117] LOCQUET A, MASOLLER C, MIRASSO C R. Synchronization regimes of optical-feedback-induced chaos in unidirectionally coupled semiconductor lasers [J]. Physical Review E, 2002, 65 (5): 056205.

[118] LEE M W, PAUL J, SIVAPRAKASAM S, et al. Comparison of closed-loop and open-loop feedback schemes of message decoding using chaotic laser diodes [J]. Optics Letters, 2003, 28 (22): 2168-2170.

[119] SIVAPRAKASAM S, SHAHVERDIEV E M, SHORE K A. Experimental verification of the synchronization condition for chaotic external cavity diode lasers [J]. Physical Review E, 2000, 62 (5): 7505-7507.

[120] WALLACE I, YU D, LU W, et al. Synchronization of power dropouts in coupled semiconductor lasers with external feedback [J]. Physical Review A, 2000, 63 (1): 013809.

[121] JIANG N, PAN W, LUO B, et al. Influence of injection current on the synchronization and communication performance of closed-loop chaotic semiconductor lasers [J]. Optics Letters, 2011, 36 (16): 3197-3199.

[122] BOGRIS A, CHLOUVERAKIS K E, ARGYRIS A, et al. Subcarrier modulation in all-optical chaotic communication systems [J]. Optics Letters, 2007, 32 (15): 2134-2136.

[123] ANNOVAZZI-LODI V, AROMATARIS G, BENEDETTI M, et al. Close-loop three-laser scheme for chaos-encrypted message transmission [J]. Optical and Quantum Electronics, 2010, 42 (3): 143-156.

[124] ZHANG J Z, WANG A B, WANG J F, et al. Wavelength division multiplexing of chaotic secure and fiber-optic communications [J]. Optics Express, 2009, 17 (8): 6357-6367.

[125] SORIANO M C, COLET P, MIRASSO C R. Security implications of open- and closed-loop receivers in all-optical chaos-based communications [J]. IEEE Photonics Technology Letters, 2009, 21 (7): 426-428.

[126] BOGRIS A, KANAKIDIS D, ARGYRIS A, et al. Performance characterization of a closed-loop chaotic communication system including fiber transmission in dispersion shifted fibers [J]. IEEE Journal of Quantum Electronics, 2004, 40 (9): 1326-1336.

[127] HEIL T, FISCHER I, ELSASSER W, et al. Chaos synchronization and spontaneous symmetry-breaking in symmetrically delay-coupled semiconductor lasers [J]. Physical Review Letters, 2001, 86 (5): 795-798.

[128] ERZGRABER H, LENSTRA D, KRAUSKOPF B, et al. Mutually delay-coupled semiconductor lasers: Mode bifurcation scenarios [J]. Optics Communications, 2005, 255: 286-296.

[129] CHIANG M C, CHEN H F, LIU J M. Experimental synchronization of mutually coupled semiconductor lasers with optoelectronic feedback [J]. IEEE Journal of Quantum Electronics, 2005, 41 (11): 1333-1340.

[130] GROSS N, KINZEL W, KANTER I, et al. Synchronization of mutually versus unidirectionally coupled chaotic semiconductor lasers [J]. Optics Communications, 2006, 267 (2): 464-468.

[131] CHIANG M C, CHEN H F, LIU J M. Synchronization of mutually coupled systems [J]. Optics Communications, 2006, 261 (1): 86-90.

[132] KLEIN E, GORSS N, KOPELOWITZ E, et al. Public-channel cryptography based on mutual chaos pass filters [J]. Physical Review E, 2006, 74 (4): 046201.

[133] KLEIN E, GORSS N, ROSENBLUH M, et al. Stable isochronal synchronization of mutually coupled chaotic lasers [J]. Physical Review E, 2006, 73

(6): 066214.

[134] ZHOU B B, ROY R. Isochronal synchrony and bidirectional communication with delay-coupled nonlinear oscillators [J]. Physical Review E, 2007, 75 (2): 026205.

[135] BOGRIS A, PIKASIS E. Enhanced multi-level phase quantizer for the optical processing of M-PSK signals [J]. Journal of Lightwave Technology, 2016, 34 (10): 2571-2577.

[136] BOGRIS A, HERDT A, SYVRIDIS D, et al. Mid-infrared gas sensor based on mutually injection locked quantum cascade lasers [J]. IEEE Journal of Selected Topics in Quantum Electronics, 2017, 23 (2): 1-7.

[137] ZIGZAG M, BUTKOVSKI M, ENGLERT A, et al. Zero-lag synchronization and multiple time delays in two coupled chaotic systems [J]. Physical Review E, 2010, 81 (3): 036215.

[138] LIU B C, XIE Y Y, LIU Y Z, et al. A novel double masking scheme for enhancing security of optical chaotic communication based on two groups of mutually asynchronous VCSELs [J]. Optics & Laser Technology, 2018, 107: 122-130.

[139] PISARCHIK A N, RUIZ-OLIVERAS F R. Optical chaotic communication using generalized and complete synchronization [J]. IEEE Journal of Quantum Electronics, 2010, 46 (3): 279-284.

[140] WANG L S, GUO Y Q, SUN Y Y, et al. Synchronization-based key distribution utilizing information reconciliation [J]. IEEE Journal of Quantum Electronics, 2015, 51 (12): 8000208.

[141] KANG Z, SUN J, MA L, et al. Multimode synchronization of chaotic semiconductor ring laser and its potentialin chaos communication [J]. IEEE Journal of Quantum Electronics, 2014, 50 (3): 148-157.

[142] DENG T, XIA G Q, WU Z M, et al. Chaos synchronization in mutually coupled semiconductor lasers with asymmetrical bias currents [J]. Optics Express, 2011, 19 (9): 8762-8773.

[143] YOMAMOTO T, OOWADA I, YIP H, et al. Common-chaotic-signal induced synchronization in semiconductor lasers [J]. Optics Express, 2007, 15 (7): 3974-3980.

[144] GOTO SI, DAVIS P, YOSHIMURA K, et al. Synchronization by injection of common chaotic signal in semiconductor lasers with optical feedback [J]. Optical and Quantum Electronics, 2009, 41 (3): 137-149.

[145] WIECZOREK S. Stochastic bifurcation in noise-driven lasers and Hopf oscillators [J]. Physical Review E, 2009, 79 (3): 036209.

[146] AIDA H, ARAHATA M, OKUMURA H, et al. Experiment on synchronization of semiconductor lasers by common injection of constant-amplitude random-phase light [J]. Optics Express, 2012, 20 (11): 11813-11829.

[147] ARAI K, YOSHIMURA K, SUNADA S, et al. Synchronization induced by common ASE noise in semiconductor lasers [C] //Proc. 2014 International Symposium on Nonlinear Theory and Its Applications (NOLTA2014). IEEE, 2014: 472-477.

[148] SUNADA S, ARAI K, YOSHIMURA K, et al. Optical phase synchronization by injection of common broadband low-coherent light [J]. Physical Review Letters, 2014, 112 (20): 204101.

[149] YOSHIMURA K, INUBUSHI M, UCHIDA A. Principal frequency band of cascaded single-mode semiconductor lasers injected with broadband random light [C] //Proceedings of the 2015 International Symposium on Nonlinear Theory and Its Applications (NOLTA2015). 2015: 257-260.

[150] SASAKI T, KAKESU I, UCHIDA A, et al. Common-signal-induced synchronization in photonic integrated circuits driven by constant-amplitude random-phase light [C] // 2016 International Symposium on Nonlinear Theory and Its Applications (NOLTA2016). IEEE, 2016: 566-569.

[151] SUZUKI N, HIDA T, TONIYAMA M, et al. Common-signal-induced synchronization in semiconductor lasers with broadband optical noise signal [J]. IEEE Journal of Selected Topics in Quantum Electronics, 2017, 23 (6): 1-10.

[152] TOMIYAMA M, YAMASAKI K, ARAI K, et al. Effect of bandwidth limitation of optical noise injection on common-signal-induced synchronization in multi-mode semiconductor lasers [J]. Optics Express, 2018, 26 (10): 13521-13535.

[153] XIANG S Y, HAN Y N, WANG H N, et al. Zero-lag chaos synchronization properties in a hierarchical tree-type network consisting of mutually coupled semiconductor lasers [J]. Nonlinear Dynamics, 2020, 99 (4): 2893-2906.

[154] XIAO Y, DENG T, WU Z M, et al. Chaos synchronization between arbitrary two response VCSELs in a broadband chaos network driven by a bandwidth-enhanced chaotic signal [J]. Optics Communications, 2012, 285 (6): 1442-1448.

[155] JIANG N, PAN W, YAN L S, et al. Chaos synchronization and communication in multiple time-delayed coupling semiconductor lasers driven by a third laser [J]. IEEE Journal of Selected Topics in Quantum Electronics, 2011, 17 (5): 1220-1227.

[156] OOWADA I, YAMAMOTO T, UCHIDA A, et al. Numerical analysis of chaos synchronization in semiconductor lasers subject to a common drive signal [J]. Electronics and Communications in Japan, 2010, 93 (5): 50-58.

[157] LIU W, YIN Z Z, CHEN X M, et al. A secret key distribution technique based on semiconductor superlattice chaos devices [J]. Science Bulletin, 2018, 63 (16): 1034-1036.

[158] KEUNINCKX L, SORIANO M C, FISCHER I, et al. Encryption key distribution via chaos synchronization [J]. Scientific Reports, 2017, 7 (1999): 43428.

[159] MURAMATSU J, YOSHIMURA K, DAVIS P. Information theoretic security based on bounded observability [C] //International Conference on Information Theoretic Security. Berlin: Springer, 2009: 128-139.

[160] MURAMATSU J, YOSHIMURA K, DAVIS P, et al. Secret-key distribution based on bounded observability [J]. Proceedings of the IEEE, 2015, 103 (10): 1762-1780.

[161] LIN F Y, CHAO Y K, WU T C. Effective bandwidths of broadband chaotic signals [J]. IEEE Journal of Quantum Electronics, 2012, 48 (8): 1010-1014.

[162] ARAKAWA Y, YARIV A. Quantum well lasers-Gain, spectra, dynamics [J]. IEEE Journal of Quantum Electronics, 1986, 22 (9): 1887-1899.

[163] NAGARAJAN R, ISHIKAWA M, FUKUSHIMA T, et al. High speed quantum-well lasers and carrier transport effects [J]. IEEE Journal of Quantum Electronics, 1992, 28 (10): 1990-2008.

[164] KIKUCHI K, AMANO M, ZAH C E, et al. Measurement of differential gain and linewidth enhancement factor of 1.5-/spl mu/m strained quantum-well active layers [J]. IEEE Journal of Quantum Electronics, 1994, 30 (2): 571-577.

[165] ZHANG Y J, ZHU L, GAO Z G, et al. Optimization design of active structure of strained MQW DFB lasers [J]. Chinese Journal of Semiconductors, 2003, 24 (1): 6-10.

[166] BROX O, BAUER S, RADZIUNAS M, et al. High-frequency pulsations in

DFB lasers with amplified feedback [J]. IEEE Journal of Quantum Electronics, 2003, 39 (11): 1381-1387.

[167] SCHWERTFEGER S, KLEHR A, LIERO A, et al. High-power picosecond pulse generation due to mode-locking with a monolithic 10-mm-long four-section DBR laser at 920 nm [J]. IEEE Photonics Technology Letters, 2007, 19 (23): 1889-1891.

[168] ARGYRIS A, GRIVAS E, HAMACHER M, et al. Chaos-on-a-chip secures data transmission in optical fiber links [J]. Optics Express, 2010, 18 (5): 5188-5198.

[169] AHLSWEDE R, CSISZAR I. Common randomness in information theory and cryptography. I. Secret sharing [J]. IEEE Transactions on Information Theory, 1993, 39 (4): 1121-1132.

[170] MURAMATSU J, YOSHIMURA K, ARAI K, et al. Secret key capacity for optimally correlated sources under sampling attack [J]. IEEE Transactions on Information Theory, 2006, 52 (11): 5140-5151.

[171] BASSHAM Ⅲ L E, RUKHIN A L, SOTO J, et al. SP 800-22 Rev. 1A. A statistical test suite for random and pseudorandom number generators for cryptographic applications [M]. Gaithersburg: National Institute of Standards & Technology, 2010.

[172] ZHANG R, CAVALCANTE H L D S, GAO Z, et al. Boolean chaos [J]. Physical Review E, 2009, 80 (4): 045202.

[173] ARGYRIS A, BUENO J, FISCHER I. Photonic machine learning implementation for signal recovery in optical communications [J]. Scientific Reports, 2018, 8: 8487.

[174] GRASSBERGER P, PROCACCIA I. Measuring the strangeness of strange attractors [J]. Physica D: Nonlinear Phenomena, 1983, 9 (1/2): 189-208.

[175] FRAEDRICH K, WANG R. Estimating the correlation dimension of an attractor from noisy and small datasets based on re-embedding [J]. Physica D: Nonlinear Phenomena, 1993, 65 (4): 373-398.

[176] 杜以成. 基于DBR半导体激光器混沌同步的密钥分发 [D]. 太原: 太原理工大学, 2022.

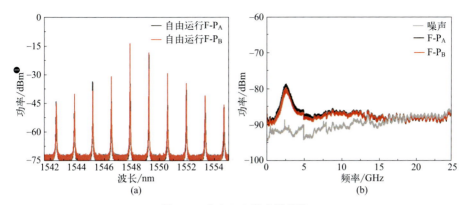

图 2-2 响应 F-P 激光器特性

（a）光谱；（b）弛豫振荡频率

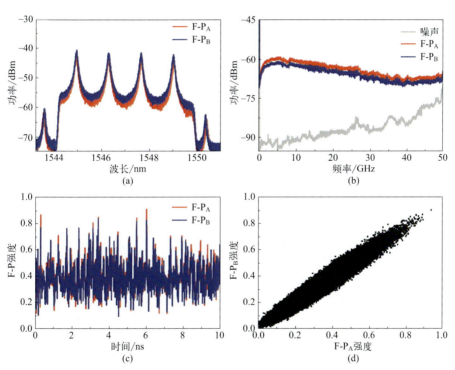

图 2-5 SLD 驱动响应 F-P 激光器同步的实验结果

（a）光谱；（b）频谱；（c）归一化时间序列；（d）关联点图

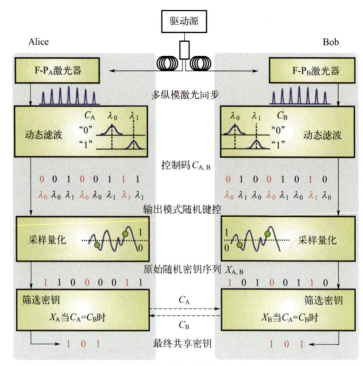

图 3-1　基于响应 F-P 激光器输出模式随机键控的密钥分发原理

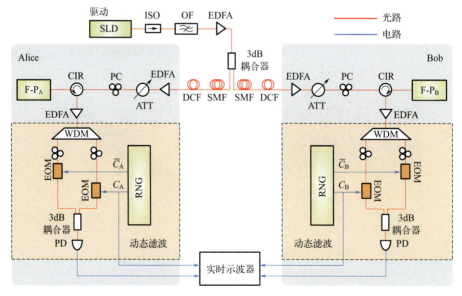

图 3-2　基于响应 F-P 激光器输出模式随机键控的密钥分发实验装置

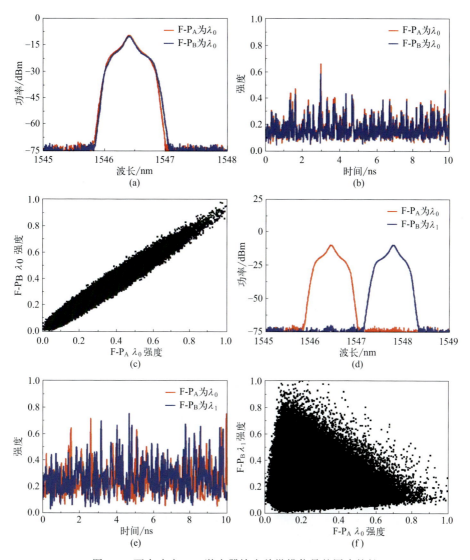

图 3-5 两个响应 F-P 激光器输出单纵模信号的同步特性

（a）～（c）响应 $F-P_A$ 激光器和响应 $F-P_B$ 激光器输出模式中心波长均为 λ_0 时的光谱、时间序列和关联点图；（d）～（f）响应 $F-P_A$ 激光器输出模式波长为 λ_0，响应 $F-P_B$ 激光器输出模式波长为 λ_1 时的光谱、时间序列和关联点图

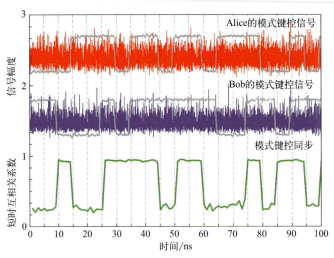

图 3-7 输出模式随机键控激光同步的实验结果

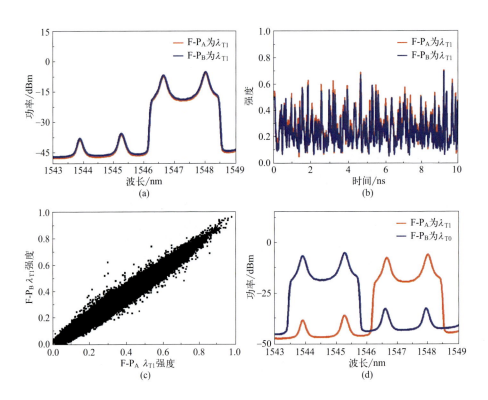

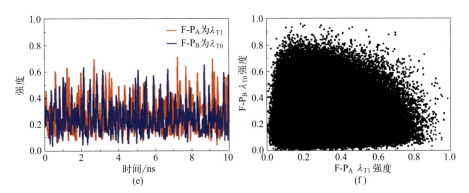

图 4-3 驱动信号滤波中心波长对响应 F-P 激光器同步性的影响

(a)~(c) 响应 F-P$_A$ 激光器和响应 F-P$_B$ 激光器注入信号波长均为 λ_{T1} 时的光谱、归一化时间序列和关联点图；(d)~(f) 响应 F-P$_A$ 激光器注入信号波长为 λ_{T1}、响应 F-P$_B$ 激光器注入信号波长为 λ_{T0} 时的光谱、归一化时间序列和关联点图

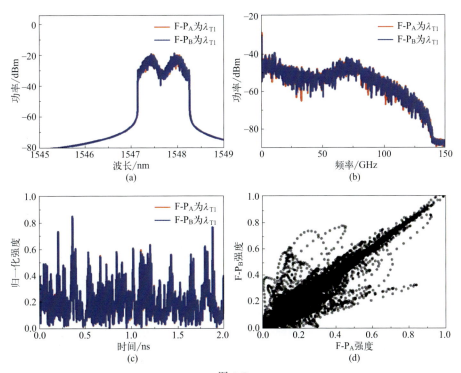

图 4-5

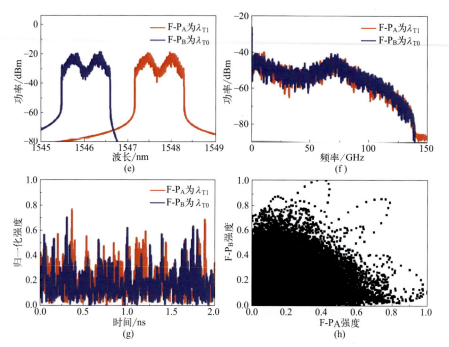

图 4-5 驱动信号滤波中心波长对同步性的影响模拟结果
(a)~(d) 响应 F-P_A 激光器和响应 F-P_B 激光器注入信号波长均为 λ_{T1} 时的光谱、频谱、归一化时间序列和关联点图；(e)~(h) 响应 F-P_A 激光器注入信号波长为 λ_{T1}、响应 F-P_B 激光器注入信号波长为 λ_{T0} 时的光谱、频谱、归一化时间序列和关联点图

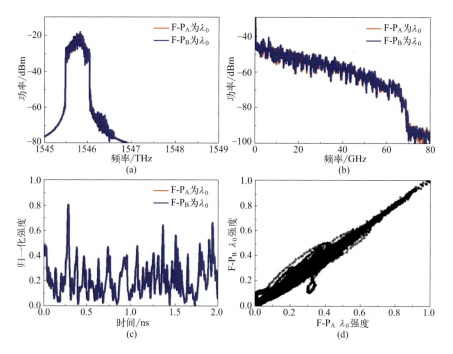

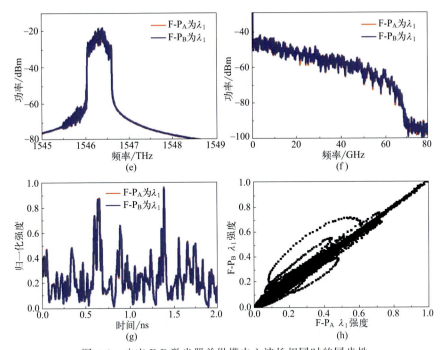

图 4-6 响应 F-P 激光器单纵模中心波长相同时的同步性

（a）～（d）中心波长为 λ_0 时的光谱、频谱、时间序列及关联点图；（e）～（h）中心波长为 λ_1 时的光谱、频谱、时间序列及关联点图

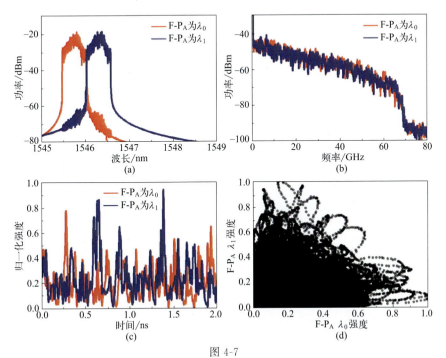

图 4-7

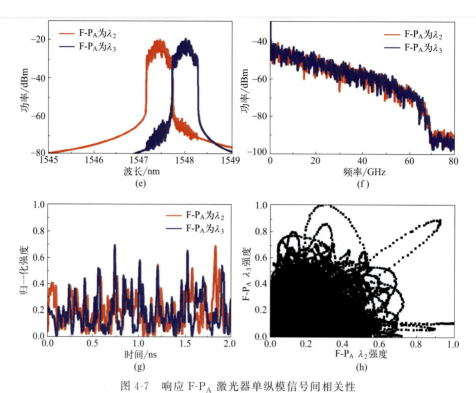

图 4-7 响应 F-P_A 激光器单纵模信号间相关性

(a)～(d) 中心波长分别为 λ_0 和 λ_1 时的光谱、频谱、归一化时间序列及关联点图；(e)～(h) 中心波长分别为 λ_2 和 λ_3 时的光谱、频谱、归一化时间序列及关联点图

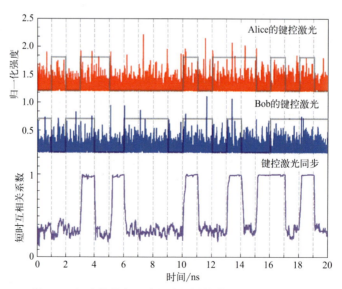

图 4-8 驱动信号中心波长随机键控激光同步模拟结果